电气故障检修

230例

▶▶▶ 杨清德 李邦庆 主编

▶▶▶ 丁秀艳 葛争光 高 杰 副主编

化学工业出版社

·北京·

图书在版编目（CIP）数据

电气故障检修 230 例/杨清德，李邦庆主编. —北京：化学工业出版社，2016.8（2023.3 重印）

ISBN 978-7-122-27387-1

Ⅰ．①电… Ⅱ．①杨…②李… Ⅲ．①电气设备-故障诊断-案例②电气设备-故障修复-案例　Ⅳ．①TM07

中国版本图书馆 CIP 数据核字（2016）第 140582 号

责任编辑：高墨荣　　　　　　　　　文字编辑：孙凤英
责任校对：宋　玮　　　　　　　　　装帧设计：刘丽华

出版发行：化学工业出版社（北京市东城区青年湖南街13号　邮政编码100011）
印　　装：北京盛通数码印刷有限公司
850mm×1168mm　1/32　印张9½　字数258千字
2023年3月北京第1版第3次印刷

购书咨询：010-64518888　　　　　　售后服务：010-64518899
网　　址：http://www.cip.com.cn
凡购买本书，如有缺损质量问题，本社销售中心负责调换。

定　　价：38.00元　　　　　　　　　版权所有　违者必究

前 言

电气故障现象是多种多样的，同一类故障可能有不同的故障现象，不同类故障可能是同种故障现象的同一性和多样性，会给查找故障带来复杂性。但是，故障现象是查找电气故障的基本依据，是查找电气故障的起点，因此要对故障现象仔细观察分析，找出故障现象中最主要的、最典型的方面，搞清故障发生的时间、地点、环境等。很多电气故障的排除，必须依靠专业理论知识才能真正弄懂弄通。要彻底排除电气故障，必须分析清楚故障发生原因，掌握对症下药排除故障的方法。为了帮助读者能在较短时间内掌握常见电气故障的检修方法，提高工作效率，我们编写了本书。

本书主要内容包括架空线路、照明线路及配电装置的故障检修，常用低压电器、高压电器的故障检修，电力配电变压器常见故障检修，单相异步电动机和三相异步电动机及其控制电路的故障检修，常用变频器典型故障检修。

本书中的维修实例既是电工工作经验的集锦，又是编者对这些维修经验的再次提炼和总结，不单是记录了电工师傅在生产一线维修工作的精彩过程，也是编者为电工初学者检修水平全面提高量身定做的一桌"营养大餐"。

本书由杨清德、李邦庆任主编，丁秀艳、葛争光、高杰任副主编，第1章由陆留宏、林兰编写，第2章由李邦庆、冷汶洪、顾怀平编写，第3章由葛传艳、葛争光编写，第4章由丁秀艳、程立涛编写，第5章由陈海容、高杰编写。参加本书编写工作的还有程时鹏、王龙林、孙红霞、徐海涛、杨军、杨伟、张富华、周达王、张良、吴荣祥，全书由杨清德负责统稿。

本书在编写过程中，参考和借鉴了许多电工师傅的工作笔记及编写的宝贵资料，在此表示感谢。

由于水平有限，加之时间仓促，书中难免存在不妥之处，敬请各位读者批评指正，多提意见，盼赐教至 yqd611@163.com，以期再版时修改。

编者

目 录

第1章 配电线路及装置故障检修 ①

1.1 架空线路故障检修 ……………………………………… 1

1.1.1 混凝土杆的检修 …………………………………… 1

1.1.2 导线损伤的检修 …………………………………… 10

1.1.3 金具和绝缘子串的检修 …………………………… 20

1.2 照明线路故障检修 …………………………………… 26

1.2.1 照明线路故障类型及检修程序 ……………………… 26

1.2.2 照明电路常见故障检修 ……………………………… 30

1.3 照明配电装置故障检修 …………………………… 49

1.3.1 照明配电装置常见故障分析与检修 ……………… 49

1.3.2 照明配电装置检修实例 ……………………………… 52

第2章 常用高低压电器检修 ⑥⑦

2.1 常用低压电器的检修 ……………………………… 67

2.1.1 低压刀开关的检修 ………………………………… 67

2.1.2 低压断路器的检修 ………………………………… 70

2.1.3 转换开关的检修 …………………………………… 74

2.1.4 低压熔断器的检修 ………………………………… 76

2.1.5 交流接触器的检修 ………………………………… 79

2.1.6 继电器的检修 ……………………………………… 91

2.1.7 主令控制器的检修 ………………………………… 95

2.2 常用高压电器的检修 ……………………………… 98

2.2.1 高压断路器的检修 ………………………………… 98

2.2.2　高压熔断器的检修 …………………………………… 109

2.2.3　高压隔离开关的检修 ………………………………… 112

2.2.4　高压负荷开关的检修 ………………………………… 116

2.3　互感器和绝缘子故障的检修 …………………………………… 118

2.3.1　互感器故障的检修 ……………………………………… 118

2.3.2　绝缘子故障检修 ………………………………………… 127

第3章　变压器故障诊断与检修 134

3.1　配电变压器故障诊断与处理 …………………………………… 134

3.1.1　配电变压器异音诊断与处理 …………………………… 134

3.1.2　过热性和放电性异常的诊断与处理 …………………… 136

3.1.3　变压器绕组异常的诊断与处理 ………………………… 143

3.2　变压器典型故障检修实例 ……………………………………… 144

3.2.1　变压器铁芯故障检修 …………………………………… 144

3.2.2　变压器绕组故障检修 …………………………………… 151

3.2.3　变压器分接开关故障检修 ……………………………… 159

3.2.4　变压器其他典型故障的检修 …………………………… 168

第4章　电动机及控制电路故障检修 176

4.1　单相异步电动机的检修 ………………………………………… 176

4.1.1　故障类型及检修思路 …………………………………… 176

4.1.2　检修实例 ………………………………………………… 180

4.2　三相异步电动机及控制线路的检修 …………………………… 185

4.2.1　故障类型及常见故障处理方法 ………………………… 185

4.2.2　常见故障检修实例 ……………………………………… 190

第5章　变频器故障诊断与检修 228

5.1　变频器故障诊断 ………………………………………………… 228

5.1.1 变频器故障诊断步骤及方法 ……………………… 228

5.1.2 变频器故障诊断流程 ………………………………… 229

5.1.3 变频器维修常用方法及应用 ………………………… 247

5.2 常用变频器典型故障的检修 …………………………… 262

5.2.1 JR2C 变频器故障检修 ……………………………… 262

5.2.2 艾默生 TD3000 系列变频器故障检修 …………… 264

5.2.3 富士变频器故障检修 ………………………………… 273

5.2.4 其他常用变频器故障检修 …………………………… 290

参考文献   296

第**1**章

配电线路及装置故障检修

1.1　架空线路故障检修

线路检修工作必须坚持"应修必修，修必修好"的原则，把周期性检修和诊断检修结合起来，以不断提高检修工作质量。

1.1.1　混凝土杆的检修

1.1.1.1　混凝土杆基础损坏的类型及修复措施

混凝土杆的基础通常称为三盘：底盘、卡盘、拉盘，采用钢筋混凝土或者天然石材制作而成，如图 1-1 所示。

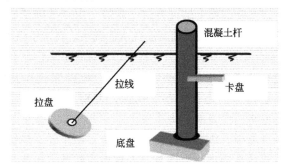

图 1-1　混凝土杆的基础

混凝土杆的钢筋锈蚀只有在钢筋生锈、体积膨胀，将外部的混凝土胀裂之后才能发现，当发现混凝土杆已经裂纹时，应加强检查，以进行对比。可用带刻度的放大镜进行检查，能够直接读出裂纹的宽度。

混凝土杆基础损坏，按严重程度可以分为轻微损坏、一般损坏和严重损坏，见表 1-1。

表 1-1　混凝土杆基础损坏的类型及修复措施

损坏类型	修复措施
轻微损坏	将损坏部位加以修补
一般损坏	将损坏部位除去，并更换新材料
严重损坏	将基础全部拆除，原杆位可用时，在原杆位重新做基础；原杆位不可用时，在异地重新建基础

例 1-1　检查混凝土杆基础

（1）检查基础的回填土　检查混凝土杆的护基是否沉塌或被冲刷，回填土有无下沉，发现缺土应及时进行处理。

（2）检查基础是否水淹、冻胀、堆积杂物

① 农民耕作时将多余的土或杂物堆积到基础保护区内，对被埋保护基础要及时进行清理，防止锈蚀。

② 护基经过雨水冲刷或水淹可能会造成护基松动，对严重损坏的护基要及时进行处理。

（3）检查基础混凝土是否裂纹、露筋　由于基础受冻胀或施工质量等原因，造成灌注式基础露筋及水泥脱落。对常年积水的基础及处于冻胀区的基础应及时进行开挖检查，并对灌注桩基础进行换土。

（4）检查地脚螺栓是否松动、锈蚀　地脚螺栓起到固定的作用，应检查地脚螺栓是否松动、锈蚀，发现地脚螺栓有松动或锈蚀，应及时更换。应及时更换。

在检查过程中，应随时注意周围环境，确定安全的情况下才能进行检查，并随身携带应急药品。在夏季炎热季节作业时，应做好防暑措施，随身携带防暑用品，并应带上足够的饮用水；严寒天气应做好防冻措施。

例 1-2　修复已轻微损坏的混凝土杆基础

（1）开裂的修复　基础轻微开裂，可在裂缝处灌注高于原基础强度等级的环氧树脂砂浆，以消除裂缝。灌注前，将裂缝处清洗干净并先涂一层环氧树脂，再灌注环氧树脂砂浆。

（2）表面缺损的修复　对于水泥脱落、钢筋外露等故障，可用大一号的模板在损伤部位用细石混凝土重新浇筑。若钢筋发生锈蚀，则应先除锈并做防腐处理。

例 1-3　修复折断的地脚螺栓

如图 1-2 所示，地脚螺栓已折断，修复时，可打碎折断的地脚螺栓周围的混凝土，将折断的地脚螺栓对接焊好，或将折断的地脚螺栓取出并将完好的地脚螺栓放入，然后灌注与原基础强度等级相同的混凝土。

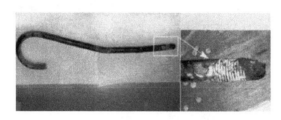

图 1-2　地脚螺栓折断

使用二次灌浆料进行地脚螺栓的固定，其保养时间长，对供电会造成影响。近年来也有采用固化环氧胶黏剂进行修复的例子，即把设备拆除，利用钻孔枪，根据螺栓的大小（钻孔直径一般是地脚螺栓直径的 4～6 倍）来进行钻孔，把松动或断裂的螺栓钻出来，利用人工对钻出的孔表面进行打毛，确保孔壁粗糙，以便于二次灌浆时增加结合强度。其保养时间在常温下只要 24h，大大缩短了修理时间，为供电的连续性创造了条件。

例 1-4　更换已经损坏的拉线

拉线的常见故障现象有拉线固定铁线丢失、拉线尾线被折断、拉线棒被撞弯曲、拉线螺栓紧固不到位、拉线地锚环生锈和拉线基础下沉，如图 1-3 所示。

(a) 拉线固定铁线丢失

(b) 拉线尾线被折断

(c) 拉线棒被撞弯曲

(d) 拉线螺栓紧固不到位

(e) 拉线地锚环生锈

(f) 拉线基础下沉

图 1-3 拉线的常见故障

对于已经损坏了的拉线，可按照以下方法更换。

（1）安装好临时拉线

① 作业人员上杆，挂好滑车和传递绳，地面人员布置好临时拉线锚桩。

② 作业人员将临时拉线的上端固定在横担主材上并至少缠绕 2

圈，地面工作人员将临时拉线的下端用双钩与临时拉线锚桩相连接。

③ 地面人员用双钩收紧临时拉线使其受力后，做好防止双钩打转和打滑措施。

④ 地面人员先拆除拉线下端，接着杆上人员拆除拉线上端，然后用绳索吊落到地面。

⑤ 地面人员将旧拉棒挖出并更换好。

用钢丝绳打好临时拉线，用手拉葫芦调紧临时拉线，如果不影响线路安全也可不打临时拉线。

（2）制作并安装新拉线

① 将剪切的新钢绞线安装入两端线夹中，上把钢绞线回头长度为 0.3m，下把钢绞线回头长度为 0.3m。

② 安装拉线抱箍、上把。

③ 登杆将拉线上把安装在拉线抱箍上。

④ 收紧新拉线。调节 UT 型线夹将拉线调紧，螺母露出丝扣长度一般以 30～50mm 为宜，如图 1-4 所示。调节拉线时注意不得使电杆发生弯曲，应同时调节杆上的所有拉线，使其受力均匀。

图 1-4　收紧新拉线

⑤ 绑扎新拉线。即将钢绞线尾线与主线绑在一起。

（3）拆除旧拉线　一切完毕后，拆除临时拉线及锚桩。杆上作业人员下杆，其他人员清理工作现场。

例 1-5 **拉线上拴牲口电杆被拉歪**

某农民把毛驴拴在路边的电杆拉线上，他刚离开不久，这时对面有一老者牵着一头小毛驴走来，拴在电杆上的毛驴突然大叫起来，并用力挣扎，电杆被拉歪，电线摆动，导致导线相互碰触，相间短路发生弧光，并伴一声巨响，线路停电。

农村安全用电须知中明确规定，不准把牲口拴在电杆或拉线上。这次事故说明，牵牲口的人不懂安全用电常识，农村安全用电宣传工作不深入、不广泛，留有死角，是这次事故发生的原因。该故障处理方法如下：

① 加强安全用电教育，村电工应在路旁电杆上涂写安全用电标语或在适当的位置张贴宣传画，如"不准在拉线上、电杆上拴牲口"，"不准摇晃拉线"等，如图 1-5 所示。

图 1-5　农村安全用电宣传画

② 为防止有人摇晃拉线或其他原因使导线与拉线接触，造成拉线带电，发生触电事故，穿越或接近导线的拉线必须装设与线路电压同等级的拉线绝缘子，并应装在最低导线以下，高于地面 3m 以上。

③ 拉线坑和杆坑的回填土，应逐层夯实，并培起 0.3m 的防沉土台，以确保电杆和拉线基础的牢固，如图 1-6 所示。

图 1-6　电杆防沉土台

1.1.1.2　混凝土杆本体故障检修

混凝土杆的类型及用途见表 1-2。

表 1-2　混凝土杆的类型及用途

类型	用途
直线杆	又称中间杆，用于线路直线中间部分。约占电杆总数的 80%
耐张杆	也称承力杆，一般指直线耐张杆，或小于 5° 的转角杆，是一种坚固、稳定的杆型
转角杆	用在线路的转角处，分为直线型和耐张型两类。通常根据转角的大小及导线截面的大小来确定
终端杆	终端杆为承受线路方向全部导线单侧拉力的耐张杆，它位于线路的首末两端，即发电厂或变电站出线或进线的第一基杆
分支杆	位于分支线路与主配电线路的连接处
跨越杆	位于通信线、电力线、河流、山谷、铁路等交叉跨越的地方

混凝土杆本体主要缺陷及处理措施见表 1-3。

表 1-3　混凝土杆本体主要缺陷及处理

混凝土杆缺陷	处理措施
杆塔铁构件及所有外露铁件锈蚀、脱落、损坏	定期刷防锈漆
交叉构件、连接构件有空隙	装设垫圈或垫板
连接构件松动	紧固、涂铅油防松
杆面裂纹	用水泥浆或混凝土补强

例 1-6 杆塔一般故障的修复

（1）杆塔整体状态检查

① 焊接部分牢固、美观，符合《35kV 及以下架空电力线路施工及验收规范》要求。

② 转角（终端）杆向受力反方向倾斜（挂线后小于等于 3‰）。

③ 混凝土杆弯曲符合设计要求（2‰）；根开（指相邻或对角两基础中心间的距离）符合设计要求（500kV 线路小于 3‰，110kV 线路小于 30‰）。

④ 杆塔整体结构倾斜符合要求（小于 3‰）。

（2）杆塔表面裂纹检查

① 混凝土杆的杆面裂纹未达到 0.2mm 时，可以应用水泥浆填缝。

② 在靠近地面处出现裂纹时还要在地面上下 1.5m 段内涂以沥青。

③ 水泥有松动或剥落者，应将酥松部分凿去，用清水冲洗干净，然后用高一级的混凝土补强。如钢筋有外露，应先彻底除锈，并用水泥砂浆涂 1～2mm 后，再行补强。

例 1-7 电杆倾斜造成相间短路事故

农民赵某在田间浇地时深井泵突然停转，认为是停电了，拉开隔离开关去找电工，在回村途中，发现有两根电杆严重倾斜，如图 1-7 所示，就去报告电工。

该线路是排灌专用低压线路，杆为高度 9m 的混凝土电杆，埋杆地段地质松软，埋深不够标准只有 1m，在浇地中，因土质松软，加之水的浸泡，埋深不够而使电杆上部不稳固，承受力加大，造成头重脚轻，因为风力的推动，使电杆严重倾斜，导致导线相间短路（碰线）是事故主要原因。该故障处理方法如下：

① 电杆埋深，应根据电杆的荷载、抗变强度和土壤特性综合考虑。线路设计规程规定，电杆埋设深度一般为杆长的 1/6，即可满足要求。

图 1-7　电杆严重倾斜

② 导线的弧垂，应按天气温度变化情况考虑，导线弧垂应当一致，线间距离按档距而定，低压线路档距一般应按 40～60m 考虑，要根据电杆长度具体确定，经过稻田、水浇地的电杆应考虑加底盘和卡盘，增加电杆稳定性。

③ 加强线路的巡视检查，发现缺陷，及时消除。

例 1-8　**混凝土杆被砍树时砸断**

农民张某在 380V 低压排灌线路旁伐树，当时过路人看到后警告说："这树挺高，倒下会砸在电线上"。张某听了以后，不加理会，继续伐树，最后树干突然向线路方向倾倒，树干砸在电线上，造成三相短路、断线。

农村安全用电须知，已明确规定在电线附近伐树时要找电工停电，或采取防止树倒向线路方向的措施。这次事故是张某违反规定，不听劝造成的。农民伐树，没有经村电工同意，也没有在树干上拴拉绳和锯口在树干倒向对面一侧等要求，致使树倒砸坏低压线路，如图 1-8 所示。

① 村民砍伐修剪靠近低压线路两旁的树木，必须征得村电工同意，在村电工现场指导下进行砍伐或修剪。

② 为防止树木（树枝）倒落在导线上，在砍伐前，应设法用

图 1-8　砍树砸坏电线杆

绳索将树拉向与导线相反方向,绳索要有足够的长度,以免拉绳的人员被倒落的树木砸伤。

　　③ 砍伐导线两侧或修剪导线下的树枝,必须选择好要求的风向、时间。锯口一定要在要求的位置。

　　④ 向村民广泛宣传安全用电常识,懂得安全用电知识,以防止事故发生。

1.1.2　导线损伤的检修

　　导线是固定在杆塔上输送电流用的金属线(一般的架空输电线采用裸金属线,又称裸导线),由于导线常年在大气中运行,经常承受拉力,并受风、冰、雨、雪和温度变化的影响,以及空气中所含化学杂质的侵蚀,因此,架空线路的导线容易出现断股等损伤。

1.1.2.1　导线巡视检修的主要内容

　　① 散股、断股、损伤、断线、放电烧伤、导线接头是否过热,悬挂漂浮物、弧垂过大或过小、严重锈蚀、阻尼线变形、烧伤。

　　② 间隔棒松动、变形或离位。

　　③ 各种连板、连接环、调整板损伤、裂纹等。

　　④ 根据导线磨损、断股、破股、严重锈蚀、放电损伤、防振锤松动等情况,每次检修时,导线线夹必须及时打开检查。

⑤ 大跨越导线的振动测量 2～5 年一次，对一般线路应选择有代表性档距进行现场振动测量，测量点应包括悬锤线夹、间隔棒线夹处，根据振动情况选点测量。

⑥ 导线舞动观测应在舞动发生时及时观测。

⑦ 导线弧垂、对地距离、交叉跨越距离测量在必要时进行，线路投运 1 年后测量 1 次，以后根据巡视结果决定。

⑧ 间隔棒（器）检查每次检修时进行，投运 1 年后紧固 1 次，以后进行抽查。

⑨ 根据巡视、测试结果进行更换导线及金具。

⑩ 根据巡视结果进行导线损伤修补。

⑪ 根据巡视、测量结果进行导线弧垂调整。

⑫ 根据检查、巡视结果进行间隔棒更换、检修。

1.1.2.2　线断股损伤的处理方法

导线由于断股损伤，造成减少截面积的处理标准见表 1-4。

表 1-4　导线断股损伤造成减少截面的处理

线别	处理方法			
	金属单丝、预绞丝补修条修补	预绞丝护线条、普通补修管补修	加长型补修管、预绞丝接续条	接续管、预绞丝接续条、接续管补强接续管
钢芯铝绞线、钢芯铝合金绞线	导线在同一处损失未超过总拉断力的 5%且截面积损伤未超过总导电部分截面积的 7%	导线在同一处损伤导致强度损失在总拉断力的 5%～17%间,且截面积损伤在总导电部分截面的 7%～25%	导线损伤范围导致强度损失在总拉断力的 17%～50%间,且截面积损伤在总导电部分截面的 25%～60%	导线损伤范围导致强度损失在总拉断力的 50%以上,且截面积损伤在总导电部分截面积的 60%及以上
铝绞线、铝合金绞线	断损伤截面不超总面积的 7%	断股损伤截面占总面积的 7%～25%	断股损伤截面占总面积的 25%～60%	断股损伤截面超过总面积的 60%及以上

1.2.2.3　采用补修预绞丝处理的规定

① 将受伤处的线股处理平整。

② 补修预绞丝长度不得小于 3 个节距，或符合现行国家标准《电力金具》预绞丝中的规定。

③ 补修预绞丝应与导线接触紧密，其中心应位于损伤最严重处，并应将损伤部位全部覆盖。

1.2.2.4 采用补修管补修的规定

① 将损伤处的线股先恢复到原绞制状态。

② 补修管的中心应位于损伤最严重处，需补修的范围应位于管内各 20mm。

③ 补修管可采用液压或爆压，其操作必须符合有关规定。

例 1-9 重接已经连续损伤的导线

导线连续损伤虽在允许补修范围内，但其损伤长度已超过一个补修金具能补修的长度时，应锯断重接。

对于导线连续损伤，连接方法主要是压接，它又分为钳压、液压和爆压。

① 钳压连接就是用钳压器把被连接的导线端头和钳压管一起压成一定间隔的凹槽（如图 1-9 所示），借助于管壁和线材的局部变形获得握着力，从而达到接续之目的。钳压适用于小线径导线。

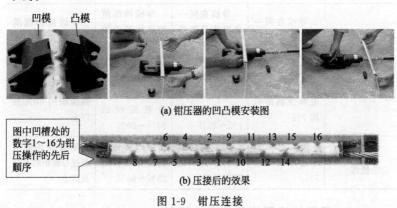

(a) 钳压器的凹凸模安装图

图中凹槽处的数字1～16为钳压操作的先后顺序

(b) 压接后的效果

图 1-9　钳压连接

② 液压连接主要用于大档距、大导线的接续。一般在 240mm²

及以上的钢心铝绞线、35～70mm² 钢绞线、185mm² 及以下的铝
包钢绞线的直线接续、耐张线夹以及跳线线夹的连接等，都应采用
液压的方式进行连接，如图 1-10 所示。

图 1-10　液压连接

③ 爆压连接依靠敷设于压接管外壁的炸药，在爆炸瞬间释放
的化学能，给压接管表面数万大气压强的压力，将压接管及穿在压
接管内的导地线线头强力压缩，产生塑性变形（如图 1-11 所示）。
爆压连接的操作工艺有：割线、清洗、爆压管涂保护层、包药和裁
药、画印、剥线和穿线、引爆、整理及检验等。

(a) 采用爆炸压接的直导线连接

(b) 耐张线夹的爆炸压接

图 1-11　爆压连接

例 1-10 **预绞丝修补导线**

修补导线前，应进行验电并挂接地线。

（1）准备工作

① 验电。进行验电前，电工要将验电器将绝缘操作杆连接牢

固，对验电器进行自检，听是否有验电器发出的报警声音，看是否有验电器发出闪光报警，确定验电器工作状况良好后，戴好绝缘手套，手持绝缘操作杆的后端，不得超过绝缘环，保证绝缘有效距离，35kV 为 0.9m，110kV 为 1.3m，220kV 为 2.1m。将验电器前端逐渐与导线接触。

同杆塔架设的多层多电压等级线路验电时，先验低压，后验高压；先验下层，后验上层；先验近侧再验远侧。

② 挂接接地线。杆塔上电工戴好绝缘手套，用绝缘操作杆将接地线导线端挂接在导线上，并保证接触良好。挂接接地线时接地线不许触碰人体。多层多电压线路挂接地线时，先挂低压后挂高压；先挂下层，再挂上层；先挂近侧，再挂远侧。依次采用以上方法挂接好所有接地线。

若杆塔为混凝土杆，没有接地引线的情况下挂接地线时，接地线接地端应采用地线钎接地，地面电工用大锤将接地钎砸入地下，深度不得低于 600mm，地线与接地钎须连接牢固。对于混凝土杆有接地线引线的杆塔可用地线接地端与接地线连接的方式进行牢固接地。

(2) 预绞丝修补导线的操作

① 解开安全带，在后备保险绳的保护下，作业人员根据作业点位置从塔身移动至横担上适当位置。

② 拴好安全带，再移到后备保险绳，系在绝缘子串挂点处主材上，解开安全带沿绝缘子串下至导线，在绝缘子串上拴好安全带。

③ 用吊绳将作业架吊上后安装在导线上，做好防止作业架滑跑的安全措施，收好吊绳后解开安全带，进入作业架，将安全带拴在导线上，塔上监护人解开后备保险绳，作业人员收好后备保险绳。

④ 作业人员滑动作业架至导线损伤点，将受伤处线股处理平整；用钢卷尺量出预绞丝安装位置，用记号笔在损伤处两侧画印。

⑤ 用吊绳吊上预绞丝，对准画印处逐根安装预绞丝，如图

1-12所示。注意，预绞丝端头应对齐，不得有缝隙，预绞丝不得变形；补修预绞丝中心，应位于损伤最严重处，预绞丝位置应将损伤处全部覆盖。

图1-12　预绞丝修补导线

⑥ 滑动作业架，回到绝缘子串侧，从作业架上至导线上，将安全带拴在绝缘子串上，拴好后备保险绳，取作业架并用吊绳将其放下，解开安全带，沿绝缘子串上至横担上。

（3）拆除接地线　预绞丝修补完毕后，方可拆除接地线。多层多电压线路拆除接地线时，先拆高压，后拆低压；先拆上层，后拆下层；先拆远侧，后拆近侧。

拆除地线后的设备应视为带电体，保持足够的安全距离。

例 1-11　**导线弧垂不同造成短路断线事故**

某天晚上九时许，劳动一天的村民们正在观看电视节目，突然全村断电，当时有5级左右的大风。经检查是因为低压照明线路3～4号杆之间一相导线烧断。

该村的照明线路（裸铝线）在架设时，因忽视了在同一档距的导线弧垂必须相同的规定，而留下了潜在事故隐患，当导线被风摆动时，因摆动的频率与弧垂有关，由于两根相邻导线摆向相反而发生了混线，造成相间短路，导线烧断，造成配电室熔断器烧断。

这次事故是施工时没有按照低压配电装置和线路设计规程要求施工而造成的。也有验收不认真，运行维护工作没做好等原因。

该故障处理方法如下：

① 架设在同一档距的导线弧垂必须相同，因为如果相邻线弧垂不相同，除可能发生混线事故外，还可能因弧垂不同的导线在气温变化时，出现因对电杆张力不同，太紧的导线在靠近绝缘子的地方会因疲劳破损而断脱。

② 加强对线路的巡视检查，发现弧垂不同时，应尽快进行处理。架空导线弧垂示意图如图 1-13 所示。

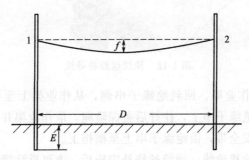

图 1-13　架空导线弧垂示意图

1,2—导线悬挂点；f—弧垂；D—档距；E—埋深

③ 应加强对农村电工的技术培训，不断提高村电工的技术水平和管理水平。在新建和整改线路时，必须严格施工质量。

例 1-12 **导线死弯造成断线事故**

某晚 8 点钟，某村的灯突然有的灭、有的红、有的亮，村电工立即到配电室检查配电设备，发现一相刀闸熔丝熔断，判断有线路接地短路故障。随即进行线路巡视，发现低压线路 4～5 号杆之间三相四线制的一相裸铝线断线，电源侧一头掉在路边地上，立即进行处理，如图 1-14 所示。

图 1-14 一相裸铝线断线掉在路边地上

经过对断线故障点进行检查，发现是因为导线架设时留有死弯损伤，在验收送电时也未发现，由于死弯处损伤，使导线强度降低，导线截面积减小，正逢严冬天气导线拉力大，这样导线的允许载流量和机械强度均受到较大影响而导致断线。施工质量差，要求不严，违反《农村低压电力技术规程》之规定，是造成断线的主要原因。平时对低压线路巡视检查不够，未及时发现缺陷也是原因之一。

该故障处理如下：

① 在农村低压架空线路的新建和整改中，必须严格执行《低压电力线路技术规程》，加强施工质量管理。

② 施工中发现导线有死弯时，为不留隐患，应剪断重接或修补。具体做法是：导线在同一截面上损伤面积在 5%～10%时，可将损伤处用绑线缠绕 20 匝后扎死，予以补强；损伤面积占导线截面的 10%～20%时，为防止导线过热和断线，应加一根同规格的导线作副线绑扎补强；损伤面积占导线截面的 20%以上时，导线的机械强度受到破坏，应剪断重接。

③ 电工应加强对线路的巡视检查，凡是在风雨过后，要认真仔细巡视，发现缺陷，及时消除。重大节日前也要对线路进行巡视检查。

例 1-13 架空线因接触不良而烧断落地

一天深夜，某村三相四线架空线 10 号杆与 11 号杆之间的一根铝芯橡胶相线突然烧断落地，断线截面 70mm²，部分住宅照明停电。

第二天一早，对停电后线路进行检查，发现落地的铝芯线断口处表面及端面均有明显的烧伤痕迹。电工随即检查，发现杆上距横担绝缘子约 0.6m 该线断开处，有一根 10mm² 铝芯橡胶支线直接缠绕在上面，其表面也已大部烧熔化。据分析，70mm² 主干线被烧断落地的直接原因是搭接在干线上的 10mm² 铝芯线未按规定牢固连接，仅简单地在干线表面缠绕了几圈。因主干线与支线接触不良，接触处在较大电流作用下长期发热致使烧断。

故障处理如下：

① 更换已烧坏的 70mm² 铝芯线，并将支线与干线可靠地连接。

② 与驻地施工单位联系，要求今后搭接导线必须按有关施工规程技术要求施工。

③ 落实人员定期检查巡视户外架空线路，以便发现事故隐患，及时采取措施，保障线路安全运行。

例 1-14 进户线中性线断线引起的事故

村民赵某家中安装有两盏白炽灯，1 盏 100W 接于 L1 相和中性线。另一盏 40W 接于 L2 相和中性线。一天傍晚刮风下雨。安装在里屋的 40W 灯泡突然烧毁。赵某将家中的备用 40W 灯泡安上，拉开关盒，灯泡又被烧毁，即去找电工进行处理，如图 1-15 所示。

经村电工进行检查，发现是通往赵家的进户线中性线被大风刮断，其接线方式如图 1-16 所示。当中性线在 E 处断线后，使 100W 和 40W 的两盏灯串接于 L1、L2 两相的相线上（电压升高到 380V），造成 40W 的灯泡过电压而烧毁。100W 的灯泡则发光电压不足。

通过计算，灯泡烧毁的原因是加于 40W 灯泡电压为 271.04V＞220V，超过其额定电压的 123％。灯泡发红原因则是其电压为

图 1-15　处理用户故障

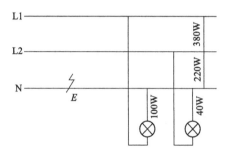

图 1-16　进户线中性线断线故障

108.4V＜220V，只有额定电压的 79.3%。

故障处理如下：

① 安装照明设备，要通过村电工，严禁私拉乱接，以防事故发生。

② 安装低压进户线的第一支持物的墙体应坚固，位置适宜，走向合理，与周围各个方向的距离合格。进户点的绝缘子及导线应尽量避开房檐雨水的冲刷和房顶杂物的掉落区。严禁跨院通过。

③ 要求所有用户在连接电能表的进户线处安装带有过电压的触电保安器。

例 1-15　低压线路断线接地事故

傍晚，某村突然停电，电工迅速出动沿线查找故障，很快找到了故障点和故障原因。在配电室通往南街的低压线路的 6～7 号杆之间有一根导线断落地面，造成漏电开关动作跳闸停电。

经检查断落的一根导线恰在接头处，线路长期运行，接头处引起松动，发热过度最后烧断了。所幸该线路装有分支漏电保护器，当该支线断落地面后，使保护器动作跳闸，确保了人身和设备安全。

与城市电网相比，农村的用电环境复杂，因树木生长、外力破坏导致的用电事故，以及因操作不当引起的触电漏电事故时有发生。近年来各地在全面推进农村电网三级保护设施建设，设置三级保护器，第一级安装于变压器，第二级安装于电线支路，第三级保护器就安装在村民家门口。只要发生触电或 30mA 以上的漏电，保护器在 0.1s 内就会自动跳闸断电，避免伤害事故的发生。

此次断线事故充分说明了漏电开关的安全保护作用，应广泛宣传安装漏电开关的重要性。它不仅能防止人身触电事故的发生，还能起到家用电器不被烧坏和降损节能的效果。

农村电工要加强对低压线路接头处的检查维护工作，发现缺陷及时处理。

1.1.3　金具和绝缘子串的检修

1.1.3.1　金具检修规范

金具是送电线路中广泛使用的铁制或铝制金属附件，统称为金具。大部分金具在运行中需要承受较大的拉力，有的还要同时保证电气方面接触良好。金具在架空电力线路及配电装置中，主要用于支持、固定和接续裸导体、导体及绝缘子连接成串，也用于保护导线和绝缘体。由于杆塔金具在气候复杂、污秽程度不一的环境条件下运行，其耐磨性和腐蚀性及污垢必然影响其正常运行，因此，需要定期对金具进行检查和清扫，对出现问题的金具要做到及时发现及时处理，如图 1-17 所示。

对于停电登杆检修的输配电线路金具，一般应与清扫绝缘子同时进行，对一般线路每两年至少进行一次，对重要线路每年至少进

图 1-17　金具检修

行一次，对污秽线路段按其污秽程序及性质可适当增加停电登杆检
查清扫的次数。

1.1.3.2　金具及绝缘子检修内容

① 检查导线、避雷线悬挂点各部螺栓是否松扣或脱落。

② 绝缘子串开口销子，弹簧销子是否齐全完好。

③ 绝缘子有无闪络、裂纹或硬伤等痕迹。

④ 防振锤有无歪斜、移位或磨损导线。

⑤ 防线条的卡箍有无松动或磨损导线。

⑥ 检查绝缘子串的连接金具有无锈蚀，是否完好。

1.1.3.3　绝缘子损坏的原因

① 人为破坏，如击伤、击碎等。

② 安装不符合规定，或承受的应力超过了允许值。

③ 由于气候骤冷骤热，电瓷内部产生应力，或者受冰雹等击
伤击碎。

④ 因脏污而发生污闪事故，或者在雨雪或雷雨天出现表面放
电现象（闪络）而损坏。

⑤ 在过电压下运行时，由于绝缘强度和机械强度不够，或者
绝缘子本身质量欠佳而损坏。

📖 例 1-16　杆塔金具的检查

① 检查铁横担有无锈蚀、变形，如图 1-18 所示。有锈蚀、变

形的铁横担应及时更换。

图 1-18　检查铁横担

②　横担端部左右扭斜不应大于 20mm，双杆的横横担与电杆连接处的高差不应大于连接距离的 5/1000，左右扭斜不应大于横担总长度的 1/100，否则，应进行重新安装。

③　检查金具有无锈蚀、变形、烧伤、裂纹，连接处转动应灵活；螺栓是否紧固，是否缺帽；开口销有无锈蚀、断裂、脱离。

④　检查防振锤、阻尼线、间隔棒等金具，不应发生位移、变形、疲劳。

⑤　检查接线金具，不应出现外观鼓包、裂纹、烧伤、滑移或出口处断股。

例 1-17　绝缘子的检查与更换

（1）绝缘子表面的检查方法

①　检查绝缘子与瓷横担脏污，瓷质裂纹、破碎，钢化玻璃绝缘子爆裂、绝缘子铁帽及钢角锈蚀，钢角弯曲等。

②　检查合成绝缘子伞裙破裂、烧伤，金具、均压环变形、扭曲、锈蚀等异常情况。

③　检查绝缘子与瓷横担有无闪络痕迹和局部火花放电留下的痕迹。

④　检查绝缘子串、瓷横担有无严重偏斜。

⑤ 对于绝缘子横担绑线松动、断股、烧伤等情况，也应注意观察。

⑥ 对绝缘子槽口、钢脚、锁紧销不配合，锁紧销子退出等情况进行检查。

（2）绝缘子更换与安装

① 杆塔上电工用滑车组、双钩紧线器或其他起吊工具吊起导线，转移绝缘子串上的机械荷载。

② 杆塔上电工摘下待更换绝缘子，并用传递绳拴好与地面电工配合传送到杆塔下。地面电工用传递绳将良好绝缘子拴牢送到杆塔上。

③ 杆塔上电工迅速将良好绝缘子复位，装好弹簧销子，旋转绝缘子的钢帽大口方向与原绝缘子串一致，松紧线器至绝缘子串受力状态。

④ 对耐张绝缘子串，用滑车组、双钩紧线器或其他紧线工具将导线收紧固定在横担上，将不受力的耐张串摘下，放至地面，然后将要更换的绝缘子串吊起，用绑架托瓶或由工作人员直接换上。

注意，更换后的绝缘子，其碗口、插销、弹簧销、开口销等穿插方向应与原方向一致，开口销必须掰开。

例 1-18　线夹与导线规格不符，运行中发生断线

某 6kV 线路，55 杆 A 相过引线夹处，LJ-70 导线断线，断落的导线与同杆架设的下层导线混线，造成两条线路停电。

该线运行多年，历经数次"春秋检"，每次检查时，都要求打开线夹处理，但是，对于某线路 55 号杆的过引线夹与导线规格不匹配，一直都没有发现，导线是 LJ-70，而线夹（并沟线夹）为 LJ-95，按照架空配电安装检修规程"导线连接管的型号与导线相配"的规定。LJ-70 导线与 LJ-95 并沟线夹是不相配，故线夹内导线一直压得不紧，导线在接触不好的情况下运行多年，导线在线夹内过热、断股，当气温下降时，导线应力增加，拉断导线，是发生事故的主要原因。

运行人员巡视时未按照架空配电安装检修规程中关于"导线有无断股、损伤、烧伤痕迹；接头是否良好，有无过热现象"的规定去执行，巡视时未能发现上述线夹过热现象，是发生事故的重要原因。

① 检修人员在线路上作业时，如发现其他缺陷，在条件允许情况下，应进行消除。

② 检修人员在"春检"、"秋检"工作中，必须要仔细，把平时运行人员难以发现的，或无法发现的缺陷、隐患检查出来并予以消除。

③ 检修、运行人员都必须熟悉、掌握配电检修规程和配电运行规程的各项规定，做到工作时心中有数。

例 1-19　低压线路横担带电故障

一户小卖部电能表接线有问题，需要停电检查。村电工王某上杆，把杆顶上的下户线先断开。王走到杆跟前，想上去伸手用钳子把相线卡断就行，用不着系安全带，他连手套也没戴就爬上了杆，当爬到杆顶、伸手用钳卡下户线的过引线时，觉得不顺手，用不上劲（在杆上站的位置不对，这是一根终端杆，有拉线），需要换一换位置，由于没系安全带就用一只手抓住铁横担，另一只手去抓拉线抱箍的连接头，当手刚一接触抱箍就触电，浑身一哆嗦脚扣松脱，王某顺杆子滑下来，幸好他下滑时用胳膊搂住了杆子，下滑落地没有跌伤。后来上杆做检查，发现要查的这户下户线紧挨横担，被风刮磨破了绝缘皮，使相线接触横担而接地。

这次低压架空线路铁横担带电，主要是村电工在安装施工时，不按低压电力技术规程规定，图省事，少安装了绝缘子和拉板；下户线和横担没留净空距离，磨破导线绝缘皮造成的。

该村没安装漏电保护开关，类似这样的事故不能及早被发现，给触电事故留下隐患。

村电工王某带电工作，不戴手套，上杆不系安全带，是违反安全工作规程行为，是一种习惯性违章表现。自以为工作简单，没预料到情况在不断地变化，险些造成触电伤亡事故。

① 严格施工管理，和施工质量检查验收制度，保证施工不留缺陷，安全不留隐患。

② 农电工要树立"我要安全"的思想，增加自我安全保护意识，克服怕麻烦、图省事的思想和行为。

③ 为保安全供用电，要在技术手段上下工夫，积极安装漏电保护装置。

例 1-20　合成绝缘子串闪络的检修

某厂一条 220kV 线，发生雷击闪络，造成 220kV 线路上级变电站 602 开关跳闸，线路失压，发出纵差保护动作，后强送电一次成功。后经检查，故障点为三相装有合成绝缘子的 15 号、16 号杆。C 相绝缘子串均有闪络烧伤痕迹。

这条线路导线型号为 LGJ-400×2，15 号、16 号为直线杆，悬挂导线用的是老式的止住螺栓悬垂线夹。经检测，此杆的接地电阻为 30Ω，土壤电阻率为 1507.2Ω/m。人工接地装置采用 4 根 30m 长直径 8mm 的圆钢。合成绝缘子型号为 XSH-400/220。

闪络后的合成绝缘子串整体完整，说明硅橡伞裙的耐弧性能良好，没有因工频电弧的高温作用而烧损。仔细观察伞裙的表面，仅有电弧烧蚀后的白色的斑块，外表不显得很脏污。上下两端头的铁附件处，有明显的电弧闪络白斑。这与一般瓷绝缘子闪络后在铁附件上留下的闪络痕迹一模一样。

现场查线证明，三相合成绝缘子从运行到发生事故没有做过任何预防性试验，15 号、16 号杆在山顶上，雷击落在 15 号、16 号杆，但当连接悬垂线夹的绝缘子串发生闪络通道入地。由于是 220kV 系统为中性点不接地系统，故发生单相接地时，流过的将是电容电流。若同时二相闪络接地，那么流过的将是相间短路电流。这两种情况，系统里均可能发生。发现这次故障仅是单相接地，故障点流过仅是接地电容电流。这个电容电流，估计数值不会太小，因当时系统上接有 21km 的架空线路。由于 C 相合成绝缘子绝缘在临界状态，一有雷击会造成 C 相合成绝缘子对地击穿，220kV 变电站 602 开关跳闸。

这次故障，现场发现 C 相绝缘子闪络。因变电站所发生单相接地故障，纵差保护动作跳闸，故说明合成绝缘子因雷电瞬间击穿。

① 发生工频闪络故障后，合成绝缘子仅是硅胶裙外表面有损伤，整体不会烧裂、烧毁，可见硅橡胶裙的耐弧性能尚可。

② 发生闪络故障后，合成绝缘子不会像变通悬式瓷（玻璃）绝缘子那样，引起铁帽炸裂、导线落地的现象，这次事故证实了这一点。

③ 发生闪络故障后，合成绝缘子整体外形未破坏，仅是表面增加了一些污脏，一般情况下可继续运行一段时间，与变通的瓷绝缘子相比，继续运行的时间可更长些。

④ 为了安全，线路每年要做预防性试验一次。

⑤ 雷雨季节过后，要进行上杆检查，发现绝缘子有闪络现象，应该及时更换绝缘子。

⑥ 严格把关，杜绝劣质绝缘子和材料进入电网。

1.2 照明线路故障检修

1.2.1 照明线路故障类型及检修程序

1.2.1.1 照明电路的故障类型及原因

照明电路是电力系统中的重要负荷之一，它的供电常采用 380/220V 三相四线制（TN-C 接地系统）交流电源，也可采用有专用接零保护线（PE）的三相四线制与三相五线制混合系统（TN-C-S 接地系统）交流电源。

照明电路是由引入电源线连通电能表、总开关、导线、分路出线开关、支路、用电设备等组成的回路。

照明电路在使用中甚至在安装后交付使用之前，每个组成元件因种种原因都可能发生这样或那样的故障。照明电路常见的故障主要有短路、断路和漏电三种，见表1-5。

表1-5　照明电路的故障类型及原因

故障类型	故障现象	故障原因	说明
短路故障	短路时,线路电流很大,熔丝迅速熔断,电路被切断。若熔丝选择太粗,则会烧毁导线,甚至引起火灾	①接线错误,相线与零线相碰接 ②导线绝缘层损坏,在损坏处碰线或接地 ③用电器具内部损坏 ④灯头内部松动致使金属片相碰短路 ⑤灯头进水	漏电与短路的本质相同,只是事故发展程度不同而已,严重的漏电可能造成短路
漏电故障	漏电时,用电量会增多,人触及漏电处会感到发麻。测绝缘电阻时阻值变小	①绝缘导线受潮、污染 ②电线及电气设备长期使用绝缘已老化 ③相线与零线之间的绝缘受到外力损伤,而形成相线与地之间的漏电	
断路故障	断路时,电路无电压,照明不亮,用电器具不能工作 零线断线造成的电压不平衡现象,常会造成在高电压的一相中正在使用的电器损坏,在零线断线负荷一侧的断线处将出现对地电压	①熔丝熔断 ②导线断线 ③线头松脱 ④开关损坏 ⑤人为原因或其他意外原因引起线路断路	照明电路的断路故障可分为全部断路、局部断路和个别断路3种

1.2.1.2　照明电路故障检修的一般程序

检修故障，关键是找出故障部位。一套住房，可能出现故障的地方较多。要能比较迅速地排除故障，就需要掌握寻找故障的基本方法，这样才能使检修工作事半功倍。发生故障后，先根据故障现象判断出故障存在的大概部位，缩小故障范围。然后有的放矢地在这个确定的部位寻找故障确切部位。

例如，家里的电灯突然熄灭了，应当首先观察左右邻居的电灯是否熄灭。如果邻居的电灯都不亮，这说明室外电路或熔丝有了故障。如邻居的灯都亮，这说明自己家里的电路发生了故障。接着要根据家里电路的构成情况：电源从何处进户、总干线走向如何、有哪些分支电路、每盏灯是如何控制的等，逐步缩小范围，找出故障部位。

照明电路的故障现象多种多样，可能出现故障的部位也不确定，为了比较迅速地排除故障，通常应按照以下检修程序进行。

① 确定维修方案。某一地区照明全部熄灭，肯定是外线供电出现故障或停电；而相邻居室照明正常，自家居室照明熄灭，则故障出现在内线或引入线。

② 先易后难，缩小故障范围。根据故障现象，一般配电箱（配电板）电路和用电器具的测量与检查比较方便，应首先进行，然后进行线路的检查。

③ 分清故障性质。分析故障现象，分清是断路故障还是短路故障，以选择相应的方法做进一步检查。

④ 确定故障部位。通过测量、检查，确定故障是存在于干线、支线，还是用电器具的某一部位。

⑤ 故障点查找。常用的电压测量点主要有配电箱上的输入、输出电压，用电器插座电压，照明灯座电压。检查故障发生的重点部位是配线的各接线点、开关、吊线盒、插座和灯座的各接线端。

⑥ 故障排除。找到故障点后，应根据失效元器件或其他异常情况的特点采取合理的维修措施。例如，对于脱焊或虚焊，可重新焊好；对于元件失效，则应更换合格的同型号规格元器件；对于短路性故障，则应找出短路原因后对症排除。

1.2.1.3　停电检修安全措施

定期检修照明电路是确保安全用电的重要措施。但检修照明电路要直接与带电体接触，稍不小心就容易触电。所以检修时一定要注意安全，一般不要带电操作。必须带电操作时，一定要穿上绝缘鞋，站在干燥的木梯或木桌上进行，并且两只手不能同时接触带电部分。

　　照明线路检修一般应停电进行。停电检修不仅可以消除检修人员的触电危险，而且能解除他们工作时的顾虑，有利于提高检修质量和工作效率。

　　① 停电时应切断可能输入被检修线路或设备的所有电源，而且应有明确的分断点。在分断点上挂上"有人工作，禁止合闸"的警告牌，如图 1-19 所示。如果分断点是熔断器的熔体，最好取下带走。

图 1-19　停电检修应悬挂警告牌

　　② 检修前必须用验电笔复查被检修电路，证明确实无电时，才能开始动手检修。

　　③ 如果被检修线路比较复杂，应在检修点附近安装临时接地线，将所有相线互相短路后再接地，人为造成相间短路或对地短路，如图 1-20 所示。这样，在检修中万一有电送来，会使总开关跳闸或熔断器熔断，以避免操作人员触电。

　　④ 线路或设备检修完毕，应全面检查是否有遗漏和检修不合要求的地方，包括该拆换的导线、元器件、应排除的故障点、应恢复的绝缘层等是否全部无误地进行了处理。有无工具、器材等留在线路和设备上，工作人员是否全部撤离现场。

　　⑤ 拆除检修前安装的作保安用的临时接地装置和各相临时对地短路线或相间短路线，取下电源分断点的警告牌。

　　⑥ 向已修复的电路或设备供电。

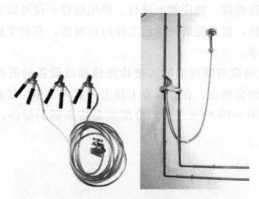

图 1-20　临时接地线及应用

1. 2. 1. 4　带电作业安全措施

① 带电作业所使用的工具，特别是通用电工工具，应选用有绝缘柄或包有绝缘层的。

② 操作前应理清线路的布局，正确区分出火线、零线和保护接地线，理清主回路、二次回路、照明回路及动力回路等。

③ 对作业现场可能接触的带电体和接地导体，应采取相应的绝缘措施或遮挡隔离。操作人员必须穿长袖衣和长裤、绝缘鞋，戴工作帽和绝缘手套，并扎紧袖口和裤管。

④ 应安排有实际经验的电工负责现场监护，不得在无人监护的情况下，个人独立带电操作。

在保证身体绝对不接地的情况下，先接好零线，然后让火线的两个线头碰到一起，注意，碰到一起不能分开。这时候就可以直接用手接线了。因为人体的阻值绝对得大于导线的阻值，这样电流就不会通过人体，或者是有很小的电流通过，对人身安全不构成威胁。

1. 2. 2　照明电路常见故障检修

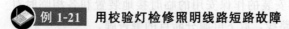　例 1-21　用校验灯检修照明线路短路故障

照明电路的所有用电器都采用并联，所以线路中任何部位出现

短路故障，如接在灯座内两个接线柱的火线和零线相碰，插座或插头内两根接线相碰，火线和零线直接连接而造成短路，都会熔断熔丝，或者使断路器跳闸。

短路故障的特征是整个配电板熔丝熔断，整个线路或者某一支路的照明灯熄灭，如图 1-21 所示。

图 1-21 线路短路导致照明灯熄灭

短路故障现象的特点比较明显，但确定故障发生的部位却比较复杂，通常可采用校验灯法检查故障所在。

校验灯又称校火灯、试灯，它是在灯泡两端接两根电源线做成的一种简单的测试工具，如图 1-22 所示。校验灯可以检查电压是否正常、线路是否断线或接触不良等。

发生短路后，拉下配电板上的刀开关，取下线路中所有的用

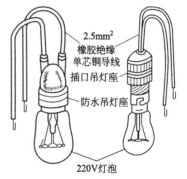

2.5mm² 橡胶绝缘单芯铜导线
插口吊灯座
防水吊灯座
220V灯泡

图 1-22 校验灯

电器。检查配电板上的总熔丝，使一路熔丝保持正常接通状态，取下另一路熔丝。用一只40W 或 60W 的白炽灯作为校验灯，串联在取下熔丝的两接线柱上。合上刀开关，如果校验灯发光正常，说明总干线或某分支线路有短路或漏电现象存在，如图 1-23 所示。然

后逐段寻找短路或漏电部位。必要时切断所怀疑部分的一段导线，若这时校验灯熄灭，表明短路现象存在于该部位。

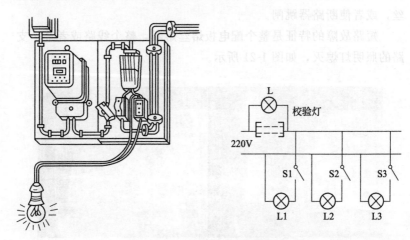

图 1-23　用校验灯检查短路故障

接通电源，校验灯不发光，说明线路无短路现象存在，短路故障是由用电器所引起。这时可逐个接入用电器，正常现象是校验灯发红，但远达不到正常亮度。若接入某一用电器时，校验灯突然接近正常亮度，表明短路故障存在于该用电器内部或它的电源线内。这时可切断电源，仔细检查。

校验灯可以用检查电路是否有电、检查电路接触不良、检查电路短路故障，使用校验灯的注意事项如下：

① 灯泡的额定电压与被测电压相匹配，防止电压过高将灯泡烧坏。电压过低时，灯泡不亮。一般检查 220V 控制电路时，用一只 220V 灯泡；检查 380V 控制电路时，要用两只 220V 灯泡串联；检查 36V 控制电路，要用 36V 的低压灯泡。

② 查找断路故障时，宜用 15～60W 的灯泡；而查接触不良故障时，宜采用 150～200W。

③ 校验灯的导线裸露部分不要太长，以防引起触电或短路事故。

例 1-22　电阻法检修照明线路短路故障

电阻法就是使用万用表的电阻挡，测量导线间或用电器的电阻值，来判断短路部位的一种方法。发生短路后，拉下配电板上的刀开关，并取下所有的用电器。用万用表"R×100"电阻挡，测量相线和零线的电阻值。如果指针趋于零（或产生偏转），说明线路有短路（或漏电）现象，逐段检查干线和各分支线路，必要时切断某一线路，测量两线的电阻，确定故障所在。

例 1-23　整个线路灯不亮的检修

整个住宅的灯不亮，断路的地方一般在配电板或总干线上。先用测电笔测火线保险盒内电源进线接线柱是否有电。若保险盒上没有电，而电源进线有电，这是配电板发生了故障，应检查闸刀开关有无断路，电能表有无损坏。若保险盒上有电，则是室内总干线上发生了断路或接触不良。重点应检查胶布包裹的接头处，然后细心检查电线芯有无断裂的痕迹。

这类故障主要发生在干线上、配电和计量装置中以及进户装置的范围内。首先应依次检查上述部分每个接头的连接处（包括熔体接线桩），一般以线头脱离连接处最为常见；其次，检查各线路开关动、静触头的分合闸情况。

判断断路最简便的方法是使用试电笔检查。一般先测量相线熔丝处是否有电，以区分断路发生在配电板上，还是其后干线上。然后，用试电笔沿相线逐段检测，断路点在有电和无电的线路之间，检测的重点是干线导线的连接处。

使用如图 1-24 所示感应式数显试电笔判断线路断路故障非常方便。

① 感应检测：轻触"感应/断点测量（INDUCTANCE）"键，测电笔金属前端靠近（注意是靠近，而不是直接接触）被检测物，若显示屏出现"高压符号"，则表示被检测物内部带交流电。

② 断点检测：测量有断点的电线时，轻触"感应/断点测量（INDUCTANCE）"键，测电笔金属前端靠近（注意是靠近，而

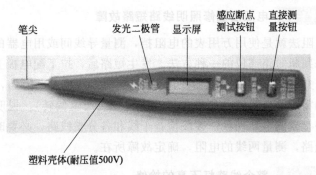

笔尖　　发光二极管　显示屏　感应断点测试按钮　直接测量按钮

塑料壳体(耐压值500V)

图 1-24　感应式数显试电笔

不是直接接触）该电线，或者直接接触该电线的绝缘外层，若"高压符号"消失，则此处即为断点处。

例 1-24　某一照明灯不亮的检修

这种故障是由分支线路存在断路引起的，可参照总干线断路的检查方法确定故障所在，检查的重点是总干线与分支线路的连接处。

如果某一照明灯不亮或某一用电器不工作，一般是用电器本身或用电器到分支线路的导线存在断路造成的，如图 1-25 所示。

图 1-25　分支线路断路故障

用试电笔判断故障点很方便。用试电笔分别接触装有灯泡的灯座两接线柱，如果试电笔氖管都不亮，表明连接灯座的相线断路；如果只在一个接线柱上氖管发亮，表明灯丝断或灯头与灯座接触不良。

例 1-25 照明灯发光不正常的检修

这类故障现象多为灯光暗淡、闪烁或有时特别亮。灯光暗淡或灯光特别亮，可能是受外线电压的影响，由于外线电压过低或过高造成。线路中有漏电或局部短路的存在是引起灯光变暗的主要原因，如图 1-26 所示的导线接头绝缘未处理好，使连接处漏电。

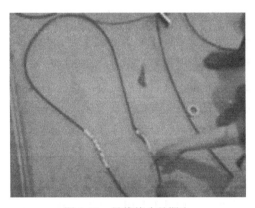

图 1-26　导线接头处漏电

观察电能表，若转盘旋转明显变快，或者关闭室内所有开关和用电器后，电能表的转盘仍然旋转，说明室内存在短路故障，可参照短路检修方法排除。

如果是个别灯泡灯光暗淡，排除该灯泡质量不佳的原因，则可能是灯座、开关或导线对地漏电。

线路中接线处因接触不良或有跳火现象，常引起灯光闪烁。其原因可能是开关、灯头接触不良造成的。维修时断开开关（下同），取下灯泡，打开灯头观察接线，如接触不良应重新接好。如果是挂口灯头，应取下灯泡，修理弹簧触点使其有弹性，或更换新灯头；若是螺口灯头，在取下灯泡后，将中间的铜皮舌头用电笔头向外勾出一些，使其与灯泡接触更加牢靠。

例 1-26 线路对地严重漏电的检修

电路和电器严重漏电，加重电路负荷，会使灯泡两端电压下降，造成发光暗淡。应逐点检查灯座、开关、插座和线路接头，特别要细心检查导线绝缘破损处，线路的裸露部分是否碰触墙壁或其他对地电阻较小的物体，线头连接处绝缘层是否完全恢复，线路和绝缘支持物是否受潮或受其他腐蚀性气体、盐雾等的侵蚀，进出电线管道处的绝缘层是否有破损。

例 1-27 线路接触电阻大的检修

如果这些器件接触不良使接触电阻变大，电流通过时发热，将损耗功率，使灯泡供电电压不足，发光暗红。检查这类故障时，在线路工作状态，只要用手触摸上述电器的绝缘外壳，会有明显温升的感觉，严重时特别烫手。对这种电器应拆开外壳或盖子，检查接触部位是否松动，是否有较厚的氧化层，并针对故障进行检修。若是由于高热使触头退火变软而失去弹性的电器，必须更新。

例 1-28 电压损失太大的检修

灯泡发光暗红时，如果不是因为线路负载过重，应怀疑是否是线路电压损失过大造成。检查方法是先查线路实际电流，确定是否负荷过重。如果不是，再分别检查送电线路的首尾两端电压，这两者的差值即为电压损失，看其是否超出允许值。若是电压损失过大，通常都通过加大线路横截面来解决。对移动式电器，如果条件允许，还可用减小导线长度来解决。

例 1-29 涡流造成线损大的检修

单根导线穿过钢管时，钢管成为环形磁性物质，与导线中的交变电流因电磁感应产生涡流并转换成热能，增大线路损失，使灯泡暗红。排除这种故障的方法是将一个完整的供电回路穿过同一根钢管，使其各根导线与钢管间的电磁感应产生的效果互相抵消，从而克服管道的涡流损耗。

例 1-30 **线路漏电故障的检修**

为了及时发现漏电故障，应对线路作定期检查，测量其绝缘阻值，如发现电阻值变小，应及时找到故障点，予以排除。

① 首先判断是否确实漏电。可用绝缘电阻表摇测其绝缘电阻的大小，或在总闸刀上接一只电流表，接通全部开关，取下所有灯泡。若电流表指针摆动，则说明存在漏电现象。指针摆动的幅度，取决于电流表的灵敏度和漏电电流的大小。确定线路漏电后，可按以下步骤继续进行检查。

② 判断是相线与零线间漏电，还是相线与大地间漏电，或者二者兼而有之。方法是切断零线，若电流表指示不变，则是相线与大地漏电；若电流表指示为零，是相线与零线间漏电；电流表指示变小但不为零，则是相线与零线、相线与大地间均漏电。

③ 确定漏电范围。取下分路熔断器或拉开刀闸，若电流表指示不变，则说明总线漏电；电流表指示为零，则为分路漏电；电流表指示变小但不为零，则表明是总线、分路均有漏电。

④ 找出漏电点。经上述检查，再依次拉开该线路灯具的开关，当拉到某一开关时，电流表指示返零，则该分支线漏电，若变小则说明这一分支线漏电外，还有别处漏电；若所有灯具拉开后，电流表指示不变，则说明该段干线漏电。依次把事故范围缩小，便可进一步检查该段线路的接头、以及导线穿墙处等地点是否漏电。找到漏电点后，应及时消除漏电故障。

例 1-31 **导线毛丝引起短路故障检修**

某农户建新房，请村电工小赵给安装照明线路。小赵把所有照明线路和灯具全部安装好后，在试送电时，电源开关熔丝熔断，明显有短路的地方，随即拉开开关，经检查各个接点都没有问题，熔丝也合适。故重新搭上熔丝决定再试送电一次，在再试送电时，灯泡全亮，故障消除。

为了慎重起见，小赵又二次将隔离开关拉开，对这次事故原因作了仔细分析，结果发现中间屋的一盏灯吊盒与吊线（0.2mm² 多股花线）接头处的两螺钉之间有放电痕迹。原来是在接线时，未把多股花线的细丝预先拧紧，在拧紧吊盒的螺钉时，有几根细铜丝弹出与另一接头碰触造成短路。在合闸时熔丝熔断。与此同时，毛丝也烧断，故重上熔丝再合闸时灯泡亮。

由此可见，电工技术水平低，安装施工不认真是引起这次故障的原因。

① 严格按安装工艺标准进行安装，保证安装质量。花线的削头不宜过长，扒掉胶皮后，必须把细丝拧在一起预先做线圈，开口顺螺钉旋转的方向，把螺钉拧紧后，不准将毛丝弹出，如图 1-27 所示。

(a) 打蝴蝶结

(b) 拧紧螺钉

(c) 处理好线头毛丝

图 1-27 灯头安装要点

② 坚持验收制度，每安装完成一项，就要自检一项，然后经他人验收，以防止隐患。

③ 树立安全第一的思想，照明装置的绝缘水平必须符合现场实际作用电压和环境条件的要求，所有装置及器具必须完好无损，安装牢固，安全可靠，维修方便。

例 1-32　线接头松动造成钢窗带电故障检修

某电工感到太闷，于是开窗透气，当手触及钢窗的推杆时，发觉有电。于是用验电笔测试，发觉电笔氖管很亮，与测试相线亮度差不多。这引起他的重视，改用万用表交流电压挡测量钢窗与中性点之间的压降，结果为 116V。用毫安挡测量，电流为 105mA。这个电流数值是非常危险的。再详查整幢楼房的各个房间的前后钢窗，发现全部带电。

断电后检查，用绝缘电阻表发现 B 相的绝缘电阻几乎为零；改用万用表欧姆挡测量，发现设备科房间内 B 相与钢窗之间的电阻仅约 40Ω，显然，B 相绝缘已坏。进一步检查发现二楼的一个房间内 B 相与钢窗之间的阻值最小，仅几欧姆。最后发现该房间供电导线穿墙管内接头绝缘已坏，导线连接为挂勾接线，没按规定绞接，而且松动。外面用黑色电工胶布包扎几层，就穿铁管过墙。加上几个房间电炉负荷太重，松动的导线连接处发热温度过高，烤焦黑胶布，造成导线裸露与铁管搭上，于是就出现了以上所述整幢楼钢窗都带电的问题（房屋建造都是钢筋连网混浇，钢窗也安放在圈梁下紧固，所以整体应形成一个网）。

① 在线路安装时，电线连接应按规定绞接，不能采取挂勾接线的方法。

② 线路绝缘，尤其是对接头处的绝缘处理应符合安全规定。

③ 经常对线路的绝缘电阻进行检查，发现缺陷，及时排除。

例 1-33　厨房出气管带电故障检修

三楼某户居民，一日在厨房洗涤，偶然触及立于墙角的出气铸铁管子，当即受到电击，幸未酿成事故。

电工在排除故障时，发现管子离地面 1m 以上部分带电。用万用表测量（表笔一端接自来水管），电压高达 200V，而 1m 以下部分管子无电压。断开住户电源，故障依然存在，觉得很奇怪，不知原因。现场检查，室内屋外管子均未与带电线路接触，也未与其他金属管道相连。对此楼采用逐户停电方法寻找故障点，查出是相邻另一单元三楼的某户电冰箱线路绝缘损伤所致。

冰箱线路是住户自己所装，采用塑料护套线明敷，沿楼板与墙交界处用铁钉固定。拆下导线检查，发现钉子固定处的导线绝缘有损伤。通过试验，有的钉子带电。那又怎么使相距 10m 以外的出气管带电呢？经与土建人员研究，认为每块楼板钢筋连成一体，楼板端头钢筋伸出部分可能互相接触，由于出气管孔较大（管径 120mm），管与露出的钢筋接触，而固定冰箱导线的铁钉又较长，钉子接触楼板钢筋。这样形成导线→铁钉→钢筋→管子的电流通路，结果管子带电，和故障现象非常吻合。为何管子下部没有对地电压？这是因为两管接头正好离地面 1m 左右，接口是用水泥砂子固定，管子用于排气，长期处于干燥状态，上下管子处于绝缘状态，电阻达 1MΩ，故管子下半部分不带电。

① 线路敷设要符合施工规范，采用塑料护套线，要用与护套线规格相等的塑料卡钉固定。上述例子用钉子固定，违反了安全规程。

② 新布线要考虑周到，避免损伤原有的室内线路。

③ 加强用电管理和安全用电教育。用电负荷增加较大时，应按规定报有关部门批准。原有室内布线需要改动时，要由电工施工，不应自行乱拉乱接，以免留下隐患。

类似问题的发生，带电管道多数位于老旧居民楼内，漏电的电压一般在 100V 以下。这种情况除了与潮湿有关，老楼线路老化也有关系。

例 1-34　自来水管带电故障

顾某在家中洗刷浴缸时，因碰触了自来水管而倒下，当场不幸死亡。原因是自来水管带电，导致其触电死亡，如图 1-28 所示。

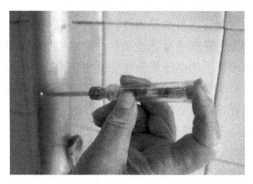

图 1-28 自来水管带电

现场勘查，该栋楼房的民用供电系统系采用中性点直接接地的 380/220V 三相四线低压供电的接地保护系统（即 TT 系统）。触电者家中的电气线路采用暗管敷设，有专用接地线和接地体作为接地保护装置。整个电气线路与明敷的自来水管无任何连接。

该家中浴室内的水管被引出，接至天井。当时为帮助解决附近建筑施工用水，又接了一段水管到施工现场，长约 30m。整条管路敷设在地面的浅沟中，最后沿新建房的墙面接到水斗上。这段新接的水管与用电设备无直接连接。

施工现场是个还未完工的工厂的厂房和办公用平房。该厂室内照明线路采用金属管明敷，基本完工，但无保护接地线。当通电检查时，合上电源后，便发现电线管带有 220V 电压，显然是相线与电线管有短路故障。经查故障发生在朝东小间的一个日光灯的接线盒内，因电工对相线接线端处的绝缘包扎不良造成，致使相线与接线盒盖相碰，造成短路。但这又与水管带电有什么联系呢？

经分析，由于连日阴雨，砖墙结构的建筑施工未完，防雨水性能很差，房顶的积水沿墙而下，造成整个墙面湿淋淋。经用 500V 绝缘电阻表在电线管和离电线管下约 1.5m 处的自来水管之间进行摇测，发现绝缘电阻值接近 0。至此水管带电的原因已经查明。

① 电气线路未进行保护接地。

② 电线头与金属电线管有短路故障。

③ 墙面潮湿造成导电，使自来水管带电。

有的人认为水管是自然接地体，在接地保护中允许将被保护电器的外壳与自来水管相连接，连接后一旦电路有漏电现象，被保护电器的外壳和水管上的电压均会在安全电压范围内，现在尽管有相线短路现象，而水管与电线管绝缘很差，若不是正好造成电线管的良好接地，水管不应会有电死人的电压。

保护接地规定："接地体不应少于 2 根，其中一根可利用自然接地体，如电气上连成一体的金属自来水管……"。原来金属自来水管还应该是在电气上连成一体的。怎样才称得上电气上连成一体，以上规程中也作了明确解释："束节和水表的两端应有足够截面积的导线跨接，使管路电气上连接一体，在任何两点之间的电阻不应大于 1Ω"。这正说明了水管本身并不是一个良好的接地装置。机械连接并不能代替电气连接。近几年来由于采用了绝缘材料如塑料带、尼龙垫片等作为水管接头的密封材料，故这个问题更为突出。

另一方面，TT 系统的接地保护即使十分可靠，也并不是在短路故障发生时能使被保护电器或接地线上的电压都降到安全电压以下。如要降到安全电压以下，则设备接地体的接地电阻值应为变压器工作接地处的接地电阻值的 0.2 倍以下。这在工程施工上有一定难度，因此目前民用供电主要还是通过短路保护装置的动作达到保护的目的，如熔断器熔丝熔断、空气断路器跳闸。但随着民用电器越来越多，功率越来越大，设备的额定容量将与保安动作电流发生矛盾。为确保安全运行，更有效的措施是用户装设漏电保护器。

可见，电气装置在通电前，必须检验合格，施工要符合质量要求，保护措施要完备，绝缘电阻要符合标准。施工现场的临时电气装置必须装漏电保护器作为防止触电的保护措施。

例 1-35　路灯线与照明线错接造成事故的检修

电工为使全村人亮堂堂过好春节，对村内低压线路进行了整修，并对户内照明灯及村内路灯分别做了试验，两者都正常发亮。当天晚上，村民们拉开关都觉得灯光很暗。晚上 7 时左右，当电工把路灯闸一合，所有开了的灯和家用电器都毁坏了。

发生这种事故一般都是电压过高引起的，但其原因是什么呢？村电工请来乡电工一起进行了以下分析。

被烧坏的设备受到的不是相电压 220V，而是线电压 380V，可是白天分别试验时都没有发现异常。经仔细检查配电盘接线，发现是因为路灯线接错，把路灯隔离开关相线和中性线调换了位置。因为路灯相线与户内照明灯相线又不是一相，所以开路灯时，户内的单相用电设备承受 380V 的线电压，故出现了烧坏设备事故，其线路如图 1-29 所示。

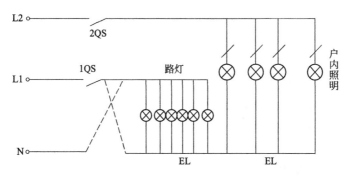

图 1-29 照明接线图

图中虚线是线路错接后，晚上 1QS、2QS 合闸，路灯承受 220V 电压，户内照明则承受 380V 电压。

在白天分别做试验时，1QS 断开，合 2QS 路灯亮，1QS 断开，合 2QS 电流通过 L2 相线、照明灯、原中性线，路灯和原 L1 相线到中性线构成回路。因试灯是一个一个试验的，所以在上述串联回路内是一个照明灯和 6 个路灯串联，其 220V 电压约 190V，分配在照明灯上，故照明灯亮。而分配在路灯的电压只有 30V，当然不会发亮，且灯丝也不会发红，故未发现异常。在晚上，1QS、2QS 全合上，户内照明用电的单相设备承受 380V 的电压，所以烧坏，而路灯仍然承受 220V 的相电压，故正常发光。此事故是因电工粗心大意造成的。

① 加强对农村电工的安全教育，提高责任心。

② 对低压线路的线序在转角引下线、进户线处应有明显标志。工作人员在施工中，应该细心，绝不允许随意调换线序。

③ 不论新架线或是大修，整改后的设备，都要在施工完后进行认真检查、验收，以防止事故发生。

例 1-36 中性线与接地线混接引起故障的检修

某住宅楼电源采用三相五线（TN-S）制，导线为 BLX-500，$4\times35+1\times25$；楼内各单元电能表箱在 2 层链式接至各单元。单元分支线第 1～2 单元为 BLX-500，5×16，楼层间干线的相线、中性线与地线均为 BLV-500，截面积为 6mm²。当时，发现在 6 楼的电视共用天线的馈线带 220V 交流电。经检查，电视共用天线系统中包括前端设备、用户终端等均带有 220V 交流电。再检查发现，3～6 楼电能表箱外壳以及此供电范围内处于使用状态下的电气设备外壳均带电，且所有熔丝均完好。

① 事故原因就是中性线与保护线同时有故障，且单相负荷过载造成中性线烧毁所致。因正常情况下，保护线不流经电流，只有当用电设备漏电时才带电。进一步检查发现 2～3 楼间干线的中性线与保护线短路后断路。更换此段线路后，一切正常。但进一步观察烧损线路，发现 2～3 楼楼层间保护线外皮全部烧毁，而中性线只有在短路点烧毁，其他部分外皮均完好，由此判断为保护线过负荷造成同管敷设的中性线故障。于是，又检查分支线及用户室内导线，发现个别用户的中性线与保护线接反，原设计为 $5\times6mm^2$ 的楼层干线实际安装为：三根相线 6mm²，中性线 2.5mm²，保护线 2.5mm²。这样 2.5mm² 的 PE 线长期带电过载造成故障。且单元间链式接线的 1～2 单元导线本应为 $5\times16mm^2$，而实际安装为 $4\times16mm^2+1\times2.5mm^2$。

② 造成共用天线系统带电的原因。根据有关规定：共用天线

电视系统采用单相220V、50Hz交流电源，电源一般宜采用由配电盘照明回路供给，并为专用回路。电气照明设计图中给定共用天线电源由本单元2楼照明箱直接引至6楼。而安装中未留有共用天线电源回路，只好取自6楼配电箱。当2～3楼楼层间干线的中性线与PE线短路后，共用天线电源插座的接地端便带电。由于共用天线系统所有设备外壳、屏蔽均由此插座接地端接地，故造成共用天线前端系统、信号传输系统、信号分配系统便带有220V交流电。

故障处理如下：

① 电气照明线径和所走回路必须严格按设计要求进行。在竣工验收时，不能单凭用电负荷能否正常使用判断安装质量是否合格。

② 中性线与保护线不能接错。

③ 使用过程中，如中性线发生故障，用户不得随意将中性线与保护线互换。

④ 楼内用户单相负荷不允许过载。尤其目前楼内装修均较普遍，应做好电源管理，不得随意从住户内乱接电源。

⑤ 共用天线电源必须按设计要求有足够的接地作保证。电气安装时，必须给出共用天线的单独供电电源。

例 1-37　开关错接线造成短路事故的检修

某农户计划在院内安装一盏临时照明灯，该农户先将隔离开关拉开，在出线侧接了一条花线，并在附近墙上安装了一个拉线开关，当安装完毕，试拉开关时，突然电线短路着火，电能表飞转，立即拉开隔离开关进行检查。

由于该农户不懂灯具安装知识，他看到拉线开关都是接的两根线，因此误将火线中性线同时拉入开关，把相线、中性线也同时从开关引出至灯头，当他试拉开关时，因相线、中性线造成短路，而刀闸熔丝额定电流大而熔断不了，使电线发热而起火。

① 农村农户临时用电，应事先向村电工申请，经电工同意后，由电工进行安装，严禁私拉乱接。

② 加强对农村用电户的安全教育，制定严格的管理制度。

③ 安装照明开关，严格按照工艺标准施工，并做好验收工作。

④ 隔离开关熔丝是为了保护室内照明用电线路和用电设备的安全。如果发生短路，熔丝能及时熔断，可避免烧毁设备或引起火灾，并便于停电检修，因此，隔离开关熔丝必须搭配恰当，符合熔丝额定电流的技术数据要求。否则，当过负荷或发生短路故障时，熔丝还未熔断，导线绝缘可能已燃烧或引起电线起火。

例 1-38　照明灯忽明忽暗的检修

据用户称，户内其他各房间用电器及照明灯工作基本正常，仅是卧室的照明灯忽明忽暗，重换新的灯泡仍如此。

故障仅是某卧室的照明灯工作异常，且重换新灯泡仍如此，由此可排除照明灯有问题的可能性，估计问题与线路和电压有关。但考虑到只有一间房中出现以上现象，故也可排除电压不稳的可能性，应重点检查线路是否有接触不良处。

该户家中电线拉得较乱，尤其这一房间的电线拉得很不规范，如图 1-30 所示。对该照明灯的电线进行检查，结果发现该线路上的有些接头只要轻轻一碰，就可使电灯亮度发生变化，说明问题确实是由于电线接触不良引起的。

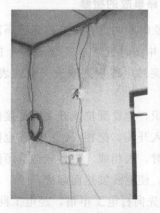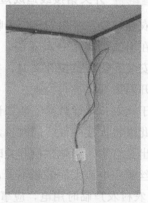

图 1-30　用户家中的不规范接线

断电逐一进行检查，剥开插头后端处的一个接头绝缘布，发现其接头系自接，为非标准连接方式，看来这就是问题的所在。将这个接头剪断，再按标准连接方式连接后，包好绝缘胶布试验，白炽灯不再闪烁。

在农村，由于情况特殊，用户乱接电线时有发生，由此造成的事故不少。作为电工，应加强对村民进行用电教育。

📖 例 1-39　小区某一单元无电的检修

据用户称，小区其他用户均有电，仅是他们所住楼的这一单元无电。

小区其他用户家庭供电正常，仅是局部地区无电，说明该小区总进线输入的220V市电是正常的，问题仅出在无电这一单元的线路上。估计故障多出在该单元的进线闸刀及保险元件上，可先对此进行检查。

首先用试电笔测无电这一单元的保险、闸刀处，试电笔氖泡亮，但室内灯不亮，再检查保险、闸刀内熔丝，均未找出问题。

再用试电笔测室内插头却发现电笔氖泡可亮，由此初步判断故障是进户零线断裂引起的。

用一灯泡，一头接火线并固定，用另一根线碰触接到零线保险前的位置时，灯泡可以点亮。再将另一根线移到零线保险后的位置时，灯泡不能点亮，说明故障点在碰触的这两点间。拿下零线保险仔细进行检查，结果发现熔丝在螺钉处断开。因断缝非常隐蔽，所以难以发现。

本例是用户违反电工操作规程，擅自在中性线上安装断路器所造成的（中性线上严禁安装断路器）。

📖 例 1-40　零线带电的检修

低压三相四线制供电网络，均采用中性点（零线）直接接地。从而使零钱与大地的电位差形成等电位。根据这一原理，供电部门常常利用等电位的原理来制定带电作业或者电工操作的安全措施。一旦某一地区（部位）产生电位差，电工操作过程中就必须采取安全措施，否则将有触电危险。例如，配电变压器 380/220V 侧配电系统零线带电，会影响整个网络的正常供电，危及人身及设备安全。应尽快查明原因，排除故障方可供电。

① 线路上有电气设备漏电，而保护装置未动作，使零线带电。停电进行检修，找出漏电的设备进行修复，并查找保护装置未动作的原因。

② 线路上有一相接地，电网中的总保护装置未保护，使零线带电。停电后，首先用摇表对线路进行测量，看线路是否有绝缘不好的地方。测量时，注意线路中的仪表要断开。

③ 零线接触不良或者断裂。当配电变压器内部零线接头接触不良或者计量箱内零线接头由于年久失修氧化松动时，负荷侧的照明灯会出现忽亮忽暗现象，最亮时灯泡可能烧毁。其原因就是零线接头接触不良所致，灯泡忽亮时，是由于相电压电位偏移，使得该相电压升高到 220V 以上，造成灯泡或者正在使用的家用电器烧毁，甚至危及人身安全。户外三相四线低压线路如果在某一处零线连接点发生接触不良，也会造成以上故障。因此，应尽量减少线路途中零线接头，以保证正常供电。

④ 在接零电网中，有个别电气设备采取保护接地而且漏电，使零线带电。检修时，先要分清系统是接零系统还是接地系统，或是接零系统中进行了重复接地，然后进行正确的安装接地线。

⑤ 维修线路时误接零线。当配电变压器需要检修，在拆开低压连线时，务必按照原来配电线路相序排列做好记号，检修完毕再按原来顺序记号进行接线，防止零线与相线对换，造成零线带电引起事故。

⑥ 在电网中，有的电气设备的绝缘已破坏而漏电，使零线带电。检查出绝缘电阻不符合规程要求的电气设备，进行修理。

⑦ 零线接触良好，但接地电阻大。按照国家有关变压器安装标准，配电变压器容量在 $100kV \cdot A$ 以下的接地电阻应小于 10Ω，$100kV \cdot A$ 以上的接地电阻应小于 4Ω。否则，低压线路送得越远，

在负荷侧的零线接地电阻增大,零线也会出现带电现象。在这种情况下,采取的措施是在负荷侧总的计量箱前再将零线重复接地,接地电阻小于4Ω可以排除。

⑧ 高压窜入低压,使零线带电。这种故障是最难对付的一种,对人有危险,一定要按操作规程去操作。

⑨ 高压采取二线一地运行方式,其接地体与低压工作接地或重复接地体相距太近时,由于高压侧工作接地上的电压降而影响低压侧的工作接地,使零线带电。应查出原因,按相应的规程对线路进行重新敷设。

上述前5种情况较为普遍,应查明原因,采取相应措施给予消除。在接地网中采取保护接零措施时,必须有一个完整的接零系统,才能消除零线带电。

1.3 照明配电装置故障检修

1.3.1 照明配电装置常见故障分析与检修

1.3.1.1 开关常见故障分析与检修

开关常见故障有不能接通电路、接触不良、漏电、发热等,其检修方法见表1-6。

表1-6 开关常见故障及检修方法

故障现象	故障原因	检修方法
不能接通电路	①开关接线螺钉松脱,导线与开关导体不能接触 ②开关内有杂物,使开关触片不能接触 ③开关机械卡死,操作不灵活,拨拉不动	①打开开关盖,检查固定导线螺钉是否生锈、松脱。如有生锈、松脱,要清除锈物,用螺钉刀重新压紧导线(如图1-31所示) ②打开开关,清除杂物,用砂纸在断电的情况下擦磨开关接触面,在装配时稍加一点点高级润滑油 ③打开开关,检查开关机械运转部分是否灵活。若不灵活,要加些润滑油,开关机械部分严重损坏时要更换同型号的开关或拉线开关

续表

故障现象	故障原因	检修方法
接触不良	①开关压线螺钉松脱 ②开关接头处铜铝接合处形成氧化层 ③开关的触点烧毛或有污物 ④拉线开关触点磨损、打滑或烧毛	①打开开关盖，用绝缘柄良好的螺钉刀旋紧接线螺钉（如图 1-32 所示） ②对较大容量的开关接线要更换成铜导线与开关连接，或把铝导线作搪锡处理后与导线连接 ③将开关断电后，清除开关污物，并处理开关触点烧毛处，如开关损坏严重，应更换同型号的开关 ④对损坏轻微的拉线开关，在断电后可使用尖嘴钳整形修复，如图 1-33 所示。若开关磨损严重，要更换拉线开关
发热	①开关负载短路 ②开关长期过载	①检查开关负载情况，处理短路点，并恢复供电 ②对长期过载的开关，要检查是否负载过重，适当减轻负载。如工作需要不能减轻负载，要更换额定电流大一级的开关
漏电	①开关防护盖损坏或开关内部接线头外露 ②开关受潮	①若开关的防护盖损坏要重新配全开关盖，并接好开关的电源连接线 ②开关受潮或受雨淋，要停电用无水乙醇清洗后做烘干处理，装装好后再使用。若拉线开关在户外，要改装成防雨型拉线开关或加装雨棚

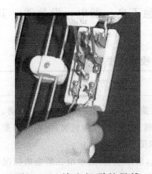
图 1-31　检查松脱的导线

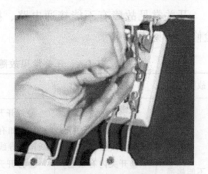
图 1-32　旋紧接线螺钉

1.3.1.2　插头插座常见故障分析与检修

插头、插座的常见故障有不能通电或接触不良、短路、烧坏、漏电等，其检修方法见表 1-7。

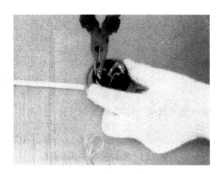

图 1-33　用尖嘴钳修复开关

表 1-7　插头插座常见故障及检修方法

故障现象	故障原因	检修方法
插上插头后不能通电或接触不良	①插头压线螺钉松动,连接导线与插头片接触不好	①松开插头外壳螺钉,打开插头重新压接导线与插头的连接螺钉,如是两线无螺钉组成的橡胶插头,应取出插头接触片把导线与插头连接好或压好,处理完后,重新把插头两触片插入插头中再使用,如图 1-34 所示
	②插头根部电源线在绝缘皮内部折断,造成时通时断	②插头根部电源线在绝缘皮内折断后,引起通电后时通时断现象,要重新把插头端头部电线剪断一截,将电线与插头触片连接后再使用
	③插座口过松或插座触片位置偏移,使插头接触不上	③断电后打开插座螺钉把插座盖去掉,用尖嘴钳将每组的两铜片钳拢一些,使插头触片插入插座后能可靠接触
	④插座引线与插座压接导线螺钉松开,引起接触不良	④打开插座,重新连接插座电源线,并旋紧螺钉
插座短路	①导线接头有毛刺,在插座内松脱引起短路	①打开插座,检查导线在插座内是否松脱,接线时导线是否留有毛刺。断开插座电源,重新连接导线与插座,使螺钉压紧导线,在接线时要注意将接线毛刺清除,如图 1-35 所示
	②插座的两插口相距过近,插头插入后碰连引起短路	②更换插座,使新插头两相间保持一定的安全距离
	③插头内接线螺钉脱落引起短路	③重新把紧固螺钉旋进螺母位置,固定紧
	④插头负载端短路,插头插入后引起弧光短路	④检查插座负载端短路点,在消除负载短路故障后,断电更换同型号的插座

续表

故障现象	故障原因	检修方法
插座烧坏	①插座长期过载	①插座长期过载会引起插座烧坏,要减轻负载或在线路允许情况下更换额定电流较大的插头插座
	②插座连接线处接触不良	②检查插头插座紧固螺钉,使导线与触片连接好并清除生锈物,然后用尖嘴钳把插座中每组的两铜片向内靠拢些
	③插座局部漏电引起轻微短路	③检查插座被油污、潮湿和导电粉尘污染处,如有放电痕迹,要更换同型号的插座,并采取防护措施
插头或插座漏电	①插头或插座受潮或被雨淋	①断开电源,清除污尘,烘干插头插座,并采取防潮防雨措施
	②插头端部有导线裸露	②重新连接插头触片与电线的接头,使导线不裸露

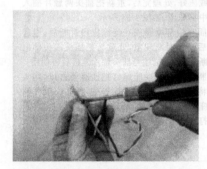

图 1-34 修理插头

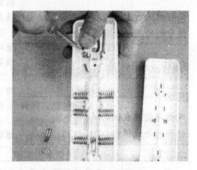

图 1-35 修理插座

1.3.2 照明配电装置检修实例

例 1-41 家庭装修插座漏电的检修

据用户称,家中的插座自重新装潢好以后,插上插头用电器就有漏电现象。

根据维修经验,导致插座漏电的常见原因主要有以下几方面:

① 插座潮湿或被雨淋;

② 插座端部有导线裸露；

③ 插座保护地线接错，引起插上插头后用电器漏电。

根据用户介绍的情况来看，故障可能是由于装修时插座接线错误引起的，可先对此进行检查。

根据上述思路，打开插座，检查接线是否接错。经检查，发现插座接线确实不正确，将应该接保护地线的中间插孔接在火线上了，这是相当危险的。

根据图 1-36 所示的方法正确接线后，漏电现象消失，故障排除。

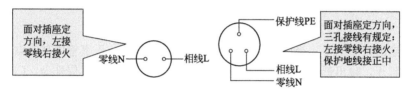

图 1-36　单相插座的接线方法

另外，对于插座受潮故障，可断电后消除污尘，烘干插座，并采取防湿防雨措施。对于导线裸露引起的故障，应重新连接电线的接头，使导线不裸露。

例 1-42 某家庭入户门控灯经常失灵

某家庭在入户厅处安装有一盏门控灯，夜晚回家或外出打开门后，室内的会自动点亮，约 1min 后自动熄灭。近来出现该门控灯有时能够自动点亮，有时需要反复开关门几次才能够点亮，很不方便使用。

门控灯控制电路如图 1-37 所示。该控制电路由门控开关、光控开关、延时电路、RS 触发器、执行电路和电源电路等 6 部分组成，下面对该电路的工作原理进行简要介绍。

门控开关由干簧管 S、永久磁铁、反相器 IC3 等构成。干簧管安装在门框上，永久磁铁安装在门上（其位置是与干簧管正对）。平时门关着时，干簧管 S 因靠近磁铁被磁化而导通，其触点闭合，

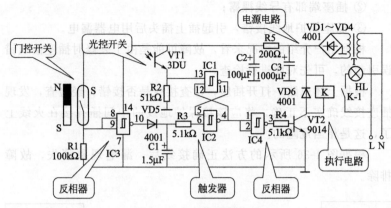

图 1-37 门控灯控制电路

输出为高电平；当门打开时，磁铁离开了干簧管，干簧管内部触点断开，输出低电平，这个信号经 IC3 反相后输出的门控信号为：门关为低电平，门开为高电平。光电三极管 VT1 与 R2 组成光控开关，无光照时 VT1 截止，输出低电平；有光照时 VT1 导通，输出为高电平。

IC1 和 IC2 构成典型的 RS 触发器，门控信号和光控信号分别作为 RS 触发器的输入信号。只有在夜晚（或白天光线比较暗时）和门被打开时，RS 触发器的输出端才输出低电平，经 IC4 反相后使 VT2 导通，继电器 K 线圈得电其触点闭合，此时电灯点亮。由 VD5、C1 组成延时电路，对高电平信号延时约 40s，这样当门被打开、人进（出）后又关上时，电灯并不随之而关闭，而是延时 40s 后再关闭。

交流 220V 经电源变压器 T 降压、二极管 VD1～VD4 桥式整流、电容 C2、C3 滤波后，为整个控制电路提供＋6V 直流电源。

从电路原理可知，门控灯有时候失灵，其故障可能有以下几个方面的原因。

① 电路中存在接触不良的地方，例如，干簧管内部触点接触不良、继电器触点接触不良、220V 电源引入处接触不良以及电路中的元件引脚虚焊等。

② 磁铁与干簧管错位。

③ 信号线路引线似断非断。

故障处理如下：

开门后，用一块布遮住控制模块，再用一条形磁铁贴在门框上的干簧管上，其目的是模拟关门状态，此时电灯仍然不亮。由此推断干簧管或控制电路的其他部分有故障。

结合故障现象分析，本着从简单到复杂的一般故障检修原则，首先得判断干簧管是否正常，把干簧管的橡胶护套拔下来，用导线短接干簧管的两个接线端，此时灯能够发光，说明干簧管内部触点存在复位不良的现象。用常开接点干簧管更换，故障排除。

例 1-43　插座短路引起烧熔丝的检修

某用户在一次使用电风扇的时候，刚插上插头室内就没有电了，配电箱的熔丝熔断，用熔丝更换后又烧断了。

熔丝连续熔断，说明室内有短路故障。究竟是什么地方有短路，结合插上电风扇插头室内就没有电的故障进行分析，初步判定该插座内部有短路之处，或者是电风扇或插头有短路。

插座存在短路故障的可能原因有：

① 导线接头有毛刺，在插座内松脱引起短路。

② 插座的两插口相距过近，插头插入后引起短路。

③ 插头内接线螺钉脱落引起短路。

④ 插头负载端短路，插头插入后引起弧光短路。

该故障处理如下：

① 将电风扇插头拔下，用万用表电阻挡测量电风扇插头的电阻，阻值正常，没有短路现象，重新安装熔丝，室内能够正常供电，说明故障在插座内部。

② 断开插座电源，拆开插座，发现接线中导线留有毛刺。重新连接导线与插座，在接线时要注意将接线毛刺清除，如图 1-38 所示。

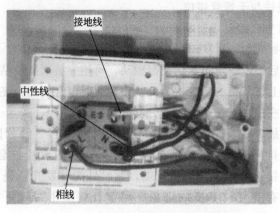

接地线

中性线

相线

图 1-38　安装时要修整插座内的松散电线

例 1-44　插座轻微打火引起电脑故障的检修

　　电脑进入操作系统后，莫名其妙地"黑屏"；通过电视卡观赏电视画面质量很差，干扰现象严重；在用电高峰时段使用电脑，明显感觉有些"迟钝"；显示器刚开机时行幅变大等。无意中听到了电源插座中有非常轻微的打火声。

　　一般来说，电源插座出现打火现象，主要是因为插座内接触的导电铜片变形，造成电器插进去的瞬间产生火花，把插座拆开，用尖嘴钳把变形的铜片夹紧，让其接触良好就不会产生打火现象。

　　维修本例故障时，将电源盒拆开，认真检查铜片各触点和电线接触的情况，结果无任何发现。那么，究竟是哪里发出的打火声呢？经过分析，将疑点放在了起"短路保护作用"的保险管上，如图 1-39 所示。

　　打开保险仓，取出保险管。发现其内部的熔丝已经变黑，但并没有融断。更换一个保险管后，各种莫名其妙的故障不再出现。

　　本例由于保险管的质量较差，在长时间使用后产生了"质"变。这样，保险管就间接充当了一个电阻值较大的电阻，且这个电阻值很不稳定，因此电源插座所提供的电压就会不稳定，从而产生出强大的干扰信号影响电视卡工作，使其画面受到干扰。

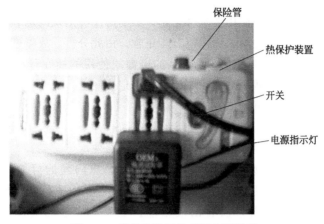

保险管

热保护装置

开关

电源指示灯

图 1-39　带保护装置的多用电源插座

此外，不稳定的电压还同步影响着机箱电源，从而导致各种莫名其妙的情况发生。对于显示器来说，不稳定的电压影响着其内部的 I^2C 控制电路的初始化，所以才会出现显示器行幅变大的情况。

随便指出，当计算机出现问题时，不要一味地在计算机自身上找原因，外部因素同样不容忽视。

例 1-45　插座故障导致电脑经常重启动

某用户在使用电脑过程中突然遇到了一个严重的软性故障。其故障表现为：大多数时候，打开计算机刚进入系统桌面，系统便会重新启动计算机，并且此时电脑的显示器信息同步中断。刚刚出现这个故障的时候，故障发生的频率比较低，并没有引起用户的足够重视。但是在最近几次使用电脑的时候，故障发生的频率明显增高，有时候甚至电脑根本就无法启动，更严重的是有些时候系统甚至出现死机。

用户怀疑计算机操作系统有问题，重新安装了操作系统，但故障仍然没有排除，于是只好将计算机带到电脑城去维修。到了电脑城，技术人员一检查，确认计算机软件系统和硬件系统一切正常，并告诉用户：你家中的电源电压不稳定，回去请电工检查一下。

电脑城技术人员判定用户家中的电源电压不稳定，可是用户家中的其他家用电器使用情况都正常，照明灯没有出现闪烁等不良现象，电视机能够使用、图像声音均正常。由此分析，故障可能就出现在用户的电脑插座上。该电脑的电源线使用的插在移动插座板上，移动插座的插头又插在墙壁上的固定插座上。这两个插座都有可能出问题，应重点检查。

本例故障是 220V 电源能够给计算机供电，只是供电不稳定。故重点应检查插座中可能引起接触不良的部位。

移动插座上所连接的电器设备较多，出问题的可能性比较大。将移动插座板打开，仔细检查插座的各个插槽，发现插座的各处插槽一切正常，没有出现松动，也没有烧过的痕迹，如图 1-40 所示。

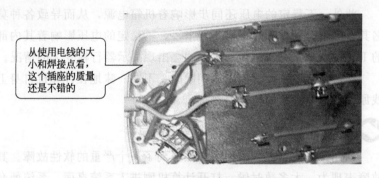

从使用电线的大小和焊接点看，这个插座的质量还是不错的

图 1-40　检查移动插座

排除了移动插座没有故障，顺藤摸瓜，将注意力放在固定于墙壁的固定插座上。拆开墙壁插座面板，发现插座桩头与电源线连接处有打火后烧过的痕迹，用螺钉刀一碰，插座零线桩头就脱落下来。故障的真正原因找到了，更换一个质量过硬的新插座，计算机重新开机，一切正常。

计算机与其他的家用电器相比，对市电的质量要求则会更高。计算机稳定运行的电源环境一旦被破坏，则会出现各种想不到的问题。

例 1-46 厨房插座偶尔漏电

某家庭厨房的普通电源插头或插座偶尔有漏电现象。

电源插头和插座的绝缘材料为胶木、塑料或陶瓷，其导电材料为铜材或铁镀件，在正常情况下其绝缘电阻很大，不会漏电。但在以下两种情况下插头或插座会漏电，一是插头或插座受潮或被雨淋；二是插头或插座端部有导线裸露。

对受潮或被雨淋的插头和插座，可断开电源，清除污尘，烘干插头插座，并注意采取防潮防雨措施。尤其是插头插座的表面灰尘过多，一定要及时清扫，否则因受潮易引发漏电。

仔细观察，若插头或插座端部有导线裸露，插座有铜片或弹簧裸露，这是极为不安全的，必须重新连接插头触片与电线的接头，让电线不裸露。插座有铜片或弹簧裸露，可根据情况予以修复，若无法修复，则用同型号的新插座更换。

本例故障属于插座表面油污及灰尘太多因受潮引起的漏电，清扫干净灰尘及油污，并将它烘干，故障顺利排除。

相对来说，家庭厨房的油烟比较大，水蒸气比较多，因此，厨房插座必须接"保护接地线"或"保护接零线"，最好是加装额定漏电动作电流不大于50mA快速动作的漏电保护器。一旦漏电保护器动作后，应拔出电源插头，查明故障原因，不得强行送电。同时，要定期清除表面油污、灰尘等，以保证人身安全。

例 1-47 开楼梯间照明灯就跳闸

一两层别墅楼房，出现晚间剩余电流动作保护器时而动作的现象。只要一开楼梯间照明灯（以下简称楼梯灯），剩余电流保护器即跳闸，故只好不用此灯，晚上摸黑上下楼。

该楼供电采用220V电源，分一楼、二楼两条回路，每条回路上各装一只DZL33-10型剩余电流动作保护器。经实际操作发现，当一、二楼分别单独送电带负荷均正常，但两路全送电时开楼梯灯，上述故障就会出现，使整个楼房均停电。

从实际操作结果来分析，估计故障是线路中存在漏电或线路本身连接有错误引起的。

用万用表对楼梯灯灯头、双联开关、引线进行检测，均未发现有接地现象，由此初步排除了漏电的可能性。怀疑该用户电气线路的安装可能有错误。

单独合上一楼剩余电流动作保护器，开楼梯灯不亮，查灯泡未坏，测灯头一桩头有电，另一桩头有感应电。将灯泡装上，用测电笔测二楼剩余电流动作保护器（未合时）下桩头发光。由此可判断，楼梯灯的零线误接在二楼电源回路剩余电流动作保护器出线侧的零线上，这正是故障原因所在。

经检查，发现故障确是由于电气安装人员图省事，将一楼的零线接在二楼电源回路剩余电流动作保护器出线侧的零线上。查找到连接点后将其分开，然后利用预敷的备用线将一楼零线单独连接后，经试验，一切正常，故障排除。

此例提醒电气线路安装人员在安装剩余电流动作保护器时，遇有几个回路则分别安装剩余电流保护器，在布线时要严格分开，接线时也要进行单独自成回路，切不可图省事，就近搭接零线，以免引起不必要的麻烦。

有些用户自从安装保护器后，就从没"试验"过，这样是不对的，按"试验按钮"的目的是模拟人为漏电，强制使保护器跳闸，验证保护器是否能正常工作。因此，用户必须按说明书要求，每月至少试验一次（如图 1-41 所示），观察其是否能迅速动作切断电源，如果有失灵不动作故障，应立即拆下来修理或更换合格的保护器。值得提醒注意的是按试验按钮的时间，每次不得超过 1s，也不能连续频繁操作。因为其内部的试验电阻和脱扣器线圈都经受不起连续频繁的电流冲击，以免烧坏试验电阻和脱扣器线圈。

例 1-48 接通室内任一用电器总保护器即刻跳闸的检修

某住宅楼在施工结束进行验收时，总进线保护器在不带任何负荷时才能合闸，只要接通室内任一用电器，总保护器即刻跳闸。

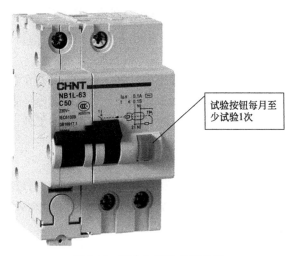

试验按钮每月至
少试验1次

图 1-41　剩余电流动作保护器

　　低压配电系统中装设漏电保护器是防止人身触电的有效措施，也可以防止因漏电而引发的电气火灾及设备损坏事故。漏电保护器一般分为一极、二极、三极、四极。其中一极、二极漏电保护器的主要区别在于当漏电事故发生时是否断开零线。其工作原理均为通过检测相线、零线电流的相量和是否为零来判定是否有漏电事故发生。

　　三极漏电保护器应用于三相三线的配电系统，负载对 N 线无要求。电动机便是此类负载之一，不论该电动机的绕组是 Y 形接法还是△形接法。四极漏电保护器应用于三相四线配电系统，负载有中性线。

　　经检查，本例的施工人员误用（设计未注明制式）了三相三线制保护器，因为 N 线不经过保护器线圈，所以保护器检测到的不是线路和设备的剩余电流动作电流，而是三相不平衡电流。因此，在三相线路中只要有一相接通任意负载，所产生的电流就远远超过保护器的额定动作电流值，因此即刻动作跳闸。改正方法是将总开关换成三相四线制剩余电流动作断路器即可。

例 1-49 **荧光灯管寿命太短或瞬间烧坏的检修**

荧光灯管使用寿命太短，有时甚至于刚换上的灯管瞬间就烧坏。

荧光灯仍然是目前比较常用的灯具之一，尤其是在学校、车间最常用。荧光灯管使用寿命太短或瞬间就烧坏的故障是采用电感式镇流器电路比较典型的故障，除了电源电压过高因素外，还有可能与下面几个原因有关。

① 镇流器与荧光灯管不配套。

② 镇流器质量差或镇流器自身有短路致使加到灯管上的电压过高（这种情况一般会造成荧光灯通电时瞬间烧毁，要特别注意）。

③ 开关次数太多或启辉器质量差引起长时间灯管闪烁。

④ 荧光灯管受到振动，致使灯丝振断或漏气。

⑤ 新装荧光灯接线有误。

首先测量电源电压正常，排除电压过高引起灯管寿命太短。根据上述故障原因分析，检查灯管安装环境是否受到频繁振动，如是可改善安装位置，避免强烈振动，再换新灯管。本例故障是镇流器质量差引起的，换一个与荧光灯管配套的新镇流器，如图 1-42 所示，故障排除。

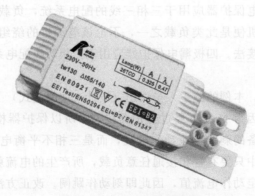

图 1-42 荧光灯电感镇流器

例 1-50 **荧光灯管两端发黑的检修**

使用不久的荧光灯管两端发黑或产生黑斑。

日光灯管一般来说寿命是很长的。灯管使用不久后两端发黑，照明度降低，其可能原因如下。

① 电源电压过高。

② 启辉器质量不好，接线不牢，引起长时间的闪烁。

③ 镇流器与荧光灯管不配套。

④ 灯管内汞凝结（这是细灯管常见现象）。

⑤ 启辉器短路，使新灯管阴极发射物质加速蒸发而老化，更换新启辉器后，亦有此现象。

用万用表测电源电压为 220V，说明供电电压没有问题。检查启辉器和镇流器，均正常。仔细检查发现镇流器接线端子处有接触不良，取出连接线，重新连接后故障排除。

灯管两端发黑，其实是灯管内汞凝结蒸发，可把灯管取下，颠倒一下其两端接触极（将灯管旋转 180°），日光灯管的寿命就可延长 1 倍，还可提高照明度，如图 1-43 所示。

图 1-43 灯管旋转 180°

例 1-51 **断路器总是跳闸的检修**

据用户讲，他家已装修两年，近段时间断路器总是跳，开始是第二个跳，发现是有一个插座漏电，修理好后一个星期左右，现在又是第三个跳，要是强行推上去，有时可以管几天，有时可以管几十分钟，有时刚一推上去连总闸都会跳。

该用户家的电器不是很常用，因为每天上班，基本上整个白天就一个冰箱用电而已。如图 1-44 所示为该用户家的配电箱接线原理图。一般来说，家用断路器跳闸的可能原因一般为 3 个方面。

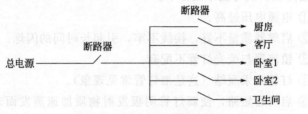

图 1-44　配电箱接线示意图

① 线路的原因。如线路老化、连线漏电等。

② 负荷的原因。如家里用电量过大等。

③ 断路器的原因。如断路器质量不过关、接触不良等。

结合用户对故障经过的描述，主人白天长期上班，家中门窗常常处于关闭状态，在多雨季节，房子里的空气过于潮湿，如果电线的质量不过关，或断路器和线路的连接处接触不良等都可以造成上述故障。

停电后用绝缘电阻表测量室内线路的绝缘电阻，发现其阻值为 $0.3M\Omega$，显然线路绝缘不符合要求。究竟是什么线段绝缘不良呢？接下来采用分段检测方法测量，结果发现卧室 2 的绝缘电阻很小。进一步检查，原来是卧室内床头开关处导线破皮，经绝缘处理后故障排除。

例 1-52　环形节能灯不亮的检修

照明线路中，环形节能灯的故障多为灯具与灯座接触不良或灯具及附件损坏造成的，检修时可采用替换的方法进行。

在确认电源正常的情况下，可更换灯具。现在普遍使用的环形节能灯，由于其内部有许多电子元器件，质量参差不齐，有的使用几个月就会发暗、闪烁或烧掉。如果仅仅是电子镇流器损坏，可以用同规格的电子镇流器更换；如果是灯管损坏，可以用同规格的灯管更换，如图 1-45 所示。

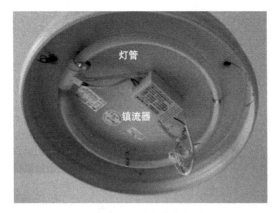

图 1-45　环形节能灯

例 1-53　**紧凑型节能灯的检修**

普通照明用自镇流荧光灯是由单端荧光灯管与电子镇流器共同组成的一种新型紧凑型电光源，俗称节能灯。现在市场上的节能灯大多是紧凑型，插口与白炽灯完全统一。其灯管外形来进行分类：用英文字母象形化地命名，例如：H 形、U 形、D 形、螺旋形等，不同的外形适应不同的装配需求。紧凑型节能灯如图 1-46 所示，

图 1-46　紧凑型节能灯

其常见故障的检修方法见表1-8。

表1-8 紧凑型节能灯常见故障及检修方法

故障现象	故障原因	检修方法
灯管不亮	①灯丝已断 ②接线有断线	①用万用表检查灯丝,如已断应更换荧光灯灯管 ②用铝壳或塑料壳将连接处轻轻撬开,再用电烙铁把灯脚焊锡烫开,取下塑料壳,将断线处重新焊接牢固
不能启动或只是尾部发红	一般是辉光启动器故障造成的	用手指轻轻弹击一下塑料壳部位,一般即可恢复正常工作;如仍不能启动,可把铝壳与塑料壳的连接处轻轻撬开,用电烙铁把灯脚处焊锡烫开,取下塑料壳,更换辉光启动器,再重新装好灯座即可
荧光灯启动困难	①灯管质量不好 ②镇流器质量不好 ③电源电压太低 ④环境温度较低	①更换灯管 ②更换镇流器 ③调整电源电压 ④采取相应的保温措施
灯光暗	①电源电压过低 ②灯管老化	①提高电源电压 ②当发现玻璃管靠近灯丝部位有黑斑时,说明灯管老化,应更换灯管

第**2**章

常用高低压电器检修

2.1 常用低压电器的检修

2.1.1 低压刀开关的检修

常用的低压刀开关主要有胶盖刀开关（又称为开启式负荷开关）和铁壳开关（又称为封闭式负荷开关）两种，其结构如图 2-1 所示。

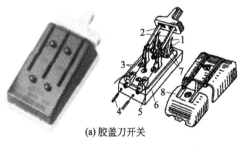

1—电源进线座；2—动触头；3—熔丝；4—负载线；5—负载接线座；6—瓷底座；7—静触头；8—胶木片

(a) 胶盖刀开关

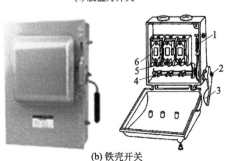

1—速断弹簧；2—转轴；3—手柄；4—闸刀；5—夹座；6—熔断器

(b) 铁壳开关

图 2-1　刀开关的结构

刀开关在分断有负载的电路时，其触刀与插座之间会产生电弧。为此采用速断刀刃的结构，使触刀迅速拉开，加快分断速度，保护触刀不致被电弧所灼伤。对于大电流刀开关，为了防止各极之间发生电弧闪烁，导致电源相间短路，刀开关各极间设有绝缘隔板，有的设有灭弧罩。

例 2-1 铁壳开关的检修

铁壳开关又称为封闭式负荷开关，其灭弧性能、操作性能、通断能力和安全防护性能都优于胶盖刀开关，适用于不频繁地接通和分断负载电路，并能作为线路末端的短路保护，也可用来控制 15kW 以下交流电动机的不频繁直接启动及停止。铁壳开关常见故障及检修方法见表 2-1。

表 2-1 铁壳开关常见故障及检修方法

故障现象	产生原因	检修方法
合闸后有一相或两相没电	①底座弹性消失或开口过大 ②熔丝熔断或接触不良 ③底座、动触头氧化或有污垢 ④电源进线或出线头氧化	①更换底座 ②更换熔丝 ③清洁底座或动触头 ④检查进出线头
动触头或底座过热或烧坏	①开关容量太小 ②分、合闸时动作太慢造成电弧过大，烧坏触头 ③底座表面烧毛 ④动触头与底座压力不足 ⑤负载过大	①更换较大容量的开关 ②改进操作方法 ③用细锉刀修整 ④调整底座压力 ⑤减轻负载或调换较大容量的开关
操作手柄带电	①外壳接地线接触不良 ②电源线绝缘损坏碰壳	①检查接地线 ②更换导线

例 2-2 胶盖刀开关的检修

胶盖刀开关又称为开启式负荷开关，一般简称刀开关，它是一种结构简单，价格低廉，安装、维修方便，使用最普遍的低压开关。胶盖刀开关不能及时切断故障电流，只能承受故障电流引起的电流热效应。熔断器式胶盖刀开关留有安装熔丝的位置，其短路分断能力由安装的熔断器的分断能力决定。此时，胶盖刀开关就具有一定短路保护作用。胶盖刀开关常见故障及检修方法见表 2-2。

表 2-2　胶盖刀开关常见故障及检修方法

故障现象	产生原因	检修方法
熔体熔断	①若熔体的有效部分已经全部消失，只是两端螺钉紧固处各残存一小圈，这表明是短路电流造成熔体熔断。短路电流通常可达熔体额定电流的几倍甚至几十倍，而熔体在单位时间内产生的热量又与电流的平方成正比，瞬间内产生大量的热量，因此熔体有效部分必然立即熔化并蒸发掉 ②若熔体只在中间部位缺了一小段，这表明是负载过重造成熔体熔断。负载重时，电流就大，致使熔体过热，而熔体的中间部位离两端螺钉紧固处最远，轴向导热最差，其温度最先达到熔点，因此熔体必然在中间部位熔断 ③若熔体只是在某端紧固螺钉附近缺了很小一段，这表明是其他原因造成的熔断，如熔体被压伤使该处截面积减小，熔体连接不良使接触电阻过大，引出线紧固螺钉松动使引出线座严重发热等	①首先排除线路中的短路故障，再更换熔体 ②减少线路中的负载，再更换熔体。或者在刀开关额定容量允许的情况下用额定电流大一点的熔体更换 ③更换新垫片后再更换新熔体，操作时应注意施工工艺符合规范
开关烧坏，螺钉孔内沥青熔化	①刀片与底座插口接触不良 ②开关压线固定螺钉未压紧 ③刀片合闸时合得过浅	①断开电源，用钳子修整开关底座口片使其与刀片接触良好 ②重新压紧固定螺钉 ③改变操作方法，使每次合闸时用力把闸刀合到位
开关漏电	①开关严重受潮 ②开关长时间工作于油污、导电粉尘环境中	①拆下开关进行烘干处理后再装上使用 ②改善开关的工作环境条件，可采用防护箱把开关保护起来

续表

故障现象	产生原因	检修方法
拉闸后刀片及开关下桩头仍带电	①进线与出线上下接反 ②开关倒装或水平安装	①更正接线方式,必须是上桩头接入电源进线,而下桩头接负载端 ②禁止倒装和水平装设胶盖刀开关

2.1.2 低压断路器的检修

低压断路器俗称自动空气开关或空气开关,是一种不仅可以接通和分断正常负荷电流和过负荷电流,还可以接通和分断短路电流的开关电器。

低压断路器在电路中除起控制作用外,还具有一定的保护功能,如过负荷、短路、欠压和漏电保护等。

低压断路器还可用于不频繁地启动电动机或接通、分断电路。当它们发生严重的过载或者短路及欠压等故障时能自动切断电路,其功能相当于熔断器式开关与过(欠)热继电器等的组合。而且在分断故障电流后一般不需要变更零部件。

低压断路器广泛应用于低压配电系统的各级馈出线,各种机械设备的电源控制和用电终端的控制和保护。

低压断路器的种类很多,见表 2-3。

表 2-3 低压断路器的分类

分类方法	种类	说明
按使用类别分	选择型	保护装置参数可调
	非选择型	保护装置参数不可调
按灭弧介质分	有空气式和真空式	目前国产多为空气式断路器
按结构分	框架式	大容量断路器多采用框架式结构
	塑料外壳式	小容量断路器多采用塑料外壳式结构
按用途分	导线保护用断路器	主要用于照明线路和保护家用电器,额定电流在 6~125A 范围内

续表

分类方法	种类	说明
按用途分	配电用断路器	在低压配电系统中作过载、短路、欠电压保护之用,也可用作电路的不频繁操作,额定电流一般为 200～4000A
	电动机保护用断路器	在不频繁操作场合,用于操作和保护电动机,额定电流一般为 6～63A
	漏电保护断路器	主要用于防止漏电,保护人身安全,额定电流多在 63A 以下
按性能分	普通式	—
	限流式	一般具有特殊结构的触头系统

例 2-3 检测并判断低压断路器的好坏

检测低压断路器时,可以用万用表 R×10 挡测量其各组开关的电阻值来判断其是否正常,如图 2-2 所示。

图 2-2 万用表检测低压断路器

① 若测得低压断路器的各组开关在断开状态下,其阻值均为无穷大,在闭合状态下,均为零,则表明该低压断路器正常。

② 若测得低压断路器的开关在断开状态下,其阻值为零,则表明低压断路器内部触点粘连损坏。

③ 若测得低压断路器的开关在闭合状态下,其阻值为无穷大,则表明低压断路器内部触点断路损坏。

④ 若测得低压断路器内部的各组开关,有任一组损坏,均说明该低压断路器已经损坏。

例 2-4　低压断路器常见故障检修

低压断路器检修前应进行清扫，附着在开关各部件的尘土和油污要用毛刷和白布等清扫干净。同时，检查开关各部位的螺钉是否有变形、松动过热，检查储能机构和传动机构是否存在接线不完整、明显的位移和变形、传动是否卡涩等。测量修前的绝缘电阻，应不小于 10MΩ（用 500V 绝缘电阻表测量）。如果达不到要求，应进行烘干处理。

低压断路器常见故障原因及检修方法见表 2-4。

表 2-4　低压断路器常见故障原因及检修方法

故障现象	故障原因	检修方法
手动操作断路器不能闭合	①欠电压脱扣器无电压或线圈损坏 ②储能弹簧变形，导致闭合力减小 ③反作用弹簧力过大 ④机构不能复位再扣	①检查线路，施加电压或更换线圈 ②更换储能弹簧 ③重新调整弹簧反力 ④调整机构的再扣接触面至规定值
电动操作断路器不能闭合	①电源电压不符合规定 ②电源容量不够 ③电磁拉杆行程不够 ④电动机操作定位开关移位 ⑤控制器中整流管或电容器损坏	①更换电源 ②增大操作电源容量 ③重新调整电磁拉杆的行程 ④重新调整操作定位开关 ⑤更换损坏元件
一相触头不能闭合	①普通型断路器的一相连杆断裂 ②限流断路器拆开机构的可拆连杆的角度变大	①更换连杆 ②调整至技术条件规定值
分励脱扣器不能使断路器分断	①线圈短路 ②电源电压太低 ③再扣接触面太大 ④螺钉松动	①更换线圈 ②设法提高电源电压 ③重新调整 ④拧紧螺钉

续表

故障现象	故障原因	检修方法
欠电压脱扣器不能使断路器分断	①反力弹簧变小 ②储能弹簧变形或断裂 ③机构卡死	①调整弹簧 ②调整或更换储能弹簧 ③消除结构卡死原因,如生锈等
启动电机时断路器立即分断	①过电流脱扣电流整定值太小 ②脱扣器某些元件损坏,如半导体橡胶膜等 ③脱扣器反力弹簧断裂或落下	①重新调整脱扣电流整定值 ②更换已损坏元件 ③重新安装或更换反力弹簧
断路器闭合后经一定时间自行分断	①过电流脱扣器长延时整定值不对 ②热元件或半导体延时电路元件参数变动	①调整触头压力或更换弹簧 ②更换触头或清理接触面,若故障不能排除则更换整台断路器。如发现主动、静触头上有小的金属颗粒形成,则应及时使用什锦锉锉平并用♯0水砂纸修复平整,触头上银合金厚度小于1mm时,触头损伤严重者,必须更换触头
断路器温升过高	①触头压力降低 ②触头表面磨损严重或接触不良 ③电源进入的主导线连接螺钉松动	①拨正或重新装好接触桥 ②更换转动杆或更换辅助开关 ③检修主导线的接线鼻,让导线在接线鼻上压紧
欠电压脱扣器噪声大	①反力弹簧压力太大 ②铁芯工作面有油污 ③短路环断裂	①重新调整弹簧压力 ②清除油污 ③更换衔铁或铁芯
辅助开关不通	①辅助开关的动触桥卡死或脱离 ②辅助开关传动杆断裂或滚轮脱落 ③触头未接触或氧化	①拨正或重新装好动触桥 ②更换传动杆或更换辅助开关 ③调整触头,清理氧化膜
带半导体脱扣器的断路器误动作	①半导体脱扣器元件损坏 ②外界电磁干扰	①更换损坏元件 ②清除外界干扰,例如临近的大型电磁铁的操作,接触器的分断、电焊等,予以隔离或使两者的距离远一些

例 2-5 灭弧室的检修

断路器的灭弧室应完整，无破裂，栅片无烧熔，无松动现象。若发现灭弧罩内烟熏处应擦净，栅片烧熔处应锉平。

当灭弧室损坏时（尽管只有一个灭弧室或栅片损坏）禁止使用，必须更换灭弧罩。更换灭弧罩时，其安装位置应正确牢固，不偏斜，不松动，且触头与灭弧罩应不摩擦受阻。

2.1.3 转换开关的检修

转换开关又称组合开关，属于一种刀开关（它的刀片即动触片是可以转动的）。它由装在同一转轴上的多个单极旋转开关叠装在一起组成，其结构如图 2-3 所示。当转动手柄时，动片即插入相应的静片中，使电路接通。

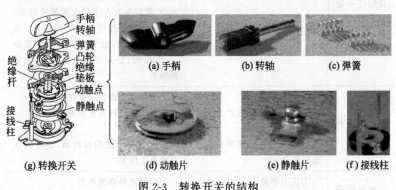

图 2-3 转换开关的结构

图中的转换开关内部有 3 对静触点，分别用 3 层绝缘板相隔，各自附有连接线路的接线柱，3 个动触点互相绝缘，与各自的静触点对应，套在共同的绝缘杆上，绝缘杆的一端装有操作手柄，手柄每次转动 90°角，即可完成 3 组触点之间的开合或切换。开关内装有速断弹簧，用来加速开关的分断速度。如图 2-4 所示。

转换开关在电气控制线路中可作为隔离开关使用，可以不频繁接通和分断电气控制线路。转换开关体积小、接线方式多，使用非常方便，在机床电气和其他电气设备中使用广泛。

图 2-4　手柄转动带动动触片转动

① 转换开关适用于交流 380V 以下及直流 220V 以下的电气线路中，供手动不频繁地接通和断开电路、转换电源和负载（每小时的转换次数不宜超过 20 次）。

② 用于控制 5kW 以下的小容量交、直流电动机的正反转、Y-△启动和变速换向等。

③ 转换开关可使控制回路或测量回路线路简化，可在一定程度上避免操作上的失误和差错。

例 2-6　测量并判断转换开关的好坏

转换开关内部触点的好坏可以用万用表来检测。一般选择万用表的 R×10 挡，用两表笔分别测量转换开关的每一对触点，电阻值为 0 或很小，说明内部触点接触良好［如图 2-5(a) 所示］；如果

(a) 触点接触良好

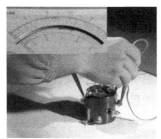

(b) 触点接触不良

图 2-5　转换开关的检测

电阻值很大甚至为无穷大，则说明该对触点有问题［如图 2-5(b) 所示］。测量完一对触点后，转动手柄，再测量另一对触点，直至全部测量完毕。

例 2-7　转换开关常见故障的检修

转换开关的常见故障原因及检修方法见表 2-5。

表 2-5　转换开关的常见故障原因及检修方法

故障现象	故障原因	检修方法
手柄转动后，内部触头不动作	①手柄的转动连接部件磨损 ②操作机构损坏 ③绝缘杆变形 ④轴与绝缘杆装配不紧	①调换手柄 ②修理操作机构 ③更换绝缘杆 ④紧固轴与绝缘杆
手柄转动后，触头不能同时接通或断开	①开关型号不对 ②修理开关时触头装配不正确 ③触头失去弹性或有尘污	①更换开关 ②重新装配 ③更换触头或清除污垢
开关接线柱相间短路	因铁屑或油污附在接线柱间形成导电将胶木烧焦或绝缘破坏形成短路	清扫开关或调换开关

2.1.4　低压熔断器的检修

低压熔断器俗称熔丝，它串联在电路中，在系统正常工作时，低压熔断器相当于一根导线，起接通电路的作用；当通过低压熔断器的电流大于其标称电流一定比例时，熔断器内的熔断材料（或熔丝）发热，经过一定时间后自动熔断，以保护线路，避免发生较大范围的损害。

熔断器可以用作仪器仪表及线路装置的过载保护和短路保护。多数熔断器为不可恢复性产品（可恢复熔断器除外），一旦损坏后应用同规格的熔断器更换。

常用低压熔断器有瓷插式熔断器、螺旋式熔断器、封闭管式熔断器和有填料快速熔断器四种，如图 2-6 所示。

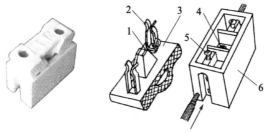

(a) RC1A系列瓷插式熔断器

1—熔丝；2—动触头；3—瓷盖；4—空腔；
5—静触头；6—瓷座

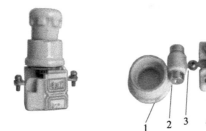

(b) RL1系列螺旋式熔断器

1—瓷套；2—熔断管；3—下接线座；4—瓷座；
5—上接线座；6—瓷帽

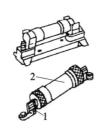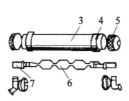

(c) RM10系列封闭管式熔断器的结构

1—夹座；2—熔断管；3—钢纸管；4—黄铜套管；
5—黄铜帽；6—熔体；7—刀形夹头

图 2-6

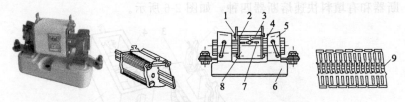

(d) RT0系列有填料封闭管式熔断器的结构

1—熔断指示器；2—石英砂填料；3—指示器熔丝；4—夹头；
5—夹座；6—底座；7—熔体；8—熔管；9—锡桥

(e) RS0、RS3系列有填料快速熔断器

图 2-6 常用低压熔断器

例 2-8 测量并判断熔断器的好坏

检测低压熔断器，可用万用表检测其电阻值来判断熔体（丝）的好坏。

万用表选择 $R \times 10$ 挡，黑、红表笔分别与熔断器的两端接触，与若测得低压熔断器的阻值很小或趋于零，则表明该低压熔断器正常；若测得低压熔断器的阻值为无穷大，则表明该低压熔断器已熔断。

对于有表面有明显烧焦痕迹或人眼能直接看到熔丝已经断了的熔断器，可通过观察法直接判断其好坏。

例 2-9 熔断器常见故障检修

熔断器常见故障原因及检修方法见表 2-6。

表 2-6　熔断器常见故障原因及检修方法

故障现象	产生原因	检修方法
熔体熔断	①熔体规格选择太小 ②负载侧短路或接地 ③熔体安装时损伤 ④熔体使用时间过久,因受氧化或运行中温度高,使熔体特性变化而误断	①更换适当的熔体 ②排除短路或接地故障后再更换熔体 ③更换新熔断体时,要检查熔断体是否有机械损伤,熔管是否有裂纹 ④换新熔体时,要检查熔体的额定值是否与被保护设备相匹配
熔丝未熔断但电路不通	①熔体两端或接线端接触不良 ②熔断器的螺母未拧紧	①清扫并旋紧接线端 ②拧紧螺母
螺旋式熔断器接触件温升过高	①熔断器运行年久接触表面氧化或灰尘厚接触不良,温升高 ②熔件未旋到位接触不良,温升高	①用砂布擦除氧化物,清扫灰尘,检查接触件接触情况是否良好,或者更换全套熔断器 ②熔件必须旋到位,旋紧、牢固
螺旋式熔断器与配电装置同时烧坏或连接导线烧断与接线端子烧坏	①谐波产生,当谐波电流进入配电装置时回路中电流急增烧坏 ②导线截面积偏小,温升高烧坏 ③接线端与导线连接螺栓未旋紧产生弧光短路	①消除谐波电流产生 ②增大导线截面积 ③连接螺栓必须旋紧

2.1.5　交流接触器的检修

所谓接触器,是指电气线路中利用线圈流过电流产生磁场,使触头闭合,以达到控制负载的电器。接触器作为执行元件,是一种用来频繁接通和切断电动机或其他负载主电路的自动电磁开关。

接触器是一种自动化的控制电器,主要用于频繁接通或分断交、直流电路，控制容量大，可远距离操作，配合继电器可以实现定时操作，联锁控制，各种定量控制和失压及欠压保护，广泛应用于自动控制电路，其主要控制对象是电动机，也可用于控制其他电力负载，如电热器、照明、电焊机、电容器组等。

接触器的一端接控制信号，另一端则连接被控的负载线路，是实现小电流、低电压电信号对大电流、高电压负载进行接通、分断控制的最常用元器件。

在工业电气中，交流接触器的型号很多，电流在 5～1000A 不等，其用处相当广泛。AC-1 类接触器主要用来控制无感或微感电路；AC-2 类接触器主要用来控制绕线式异步电动机的启动和分断；AC-3 和 AC-4 接触器可用于频繁控制异步电动机的启动和分断。

按照不同的分类方法，接触器有多种类型，见表 2-7。

表 2-7　接触器的类型

分类方法	种类
按主触头通过电流种类分	交流接触器、直流接触器
按操作机构分	电磁式接触器、永磁式接触器
按驱动方式分	液压式接触器、气动式接触器、电磁式接触器
按动作方式分	直动式接触器、转式接触器

传统型接触器主要由电磁系统、触头系统、灭弧装置等几部分构成，见表 2-8。其外形及结构如图 2-7 所示。

表 2-8　接触器的结构

装置或系统	组成及说明
电磁系统	可动铁芯(衔铁)、静铁芯、电磁线圈、反作用弹簧
触头系统	主触头(用于接通、切断主电路的大电流)、辅助触头(用于控制电路的小电流)；一般有三对动合主触头，若干对辅助触头
灭弧装置	用于迅速切断主触头断开时产生的电弧，以免使主触头烧毛、熔焊。大容量的接触器(20A 以上)采用缝隙灭弧罩及灭弧栅片灭弧，小容量接触器采用双断口触头灭弧、电动力灭弧、相间弧板隔弧及陶土灭弧罩灭弧

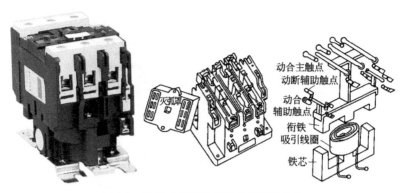

图 2-7 传统型交流接触器的外形及结构

按功能不同，接触器的触头分为主触头和辅助触头。主触头用于接通和分断电流较大的主电路，体积较大，一般由 3 对动合触头组成；辅助触头用于接通和分断小电流的控制电路，体积较小，有动断和动合两种触头。根据触头形状的不同，分为桥式触头和指形触头，其形状分别如图 2-8 所示。

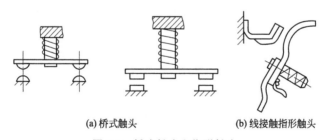

(a) 桥式触头   (b) 线接触指形触头

图 2-8 桥式触头和指形触头

通过对传统型交流接触器的结构进行改造，增加如节电器、节电线圈、机械锁扣等装置，电磁系统改为剩磁（永磁）吸持式等方式，就是目前比较流行的节电型交流接触器（又称为节能型交流接触器），其节能效果很明显，如图 2-9 所示。

◆ 例 2-10 交流接触器的拆装

（1）拆卸

图 2-9　节电型交流接触器

① 卸下灭弧罩紧固螺钉，取下灭弧罩。

② 拉紧主触头定位弹簧夹，取下主触头及主触头压力弹簧片。拆卸主触头时必须将主触头侧转 45°后取下。

③ 松开辅助动合静触头的线桩螺钉，取下动合静触头。

④ 松开接触器底部的盖板螺钉，取下盖板。松盖板螺钉时要用手按住螺钉并慢慢放松。

⑤ 取下静铁芯缓冲绝缘纸片及静铁芯，取下静铁芯支架及缓冲弹簧。

⑥ 拔出线圈接线端的弹簧夹片，取下线圈。

⑦ 取下反作用弹簧，取下衔铁和支架。

⑧ 从支架上拔出动铁芯定位销，取下动铁芯及缓冲绝缘纸片。

特别提示：在拆卸时，要注意观察缓冲弹簧与反作用力弹簧的大小、长度、安装位置的区别；静铁芯和衔铁形状的不同，短路铜环的位置、大小，线圈的位置、方向等。拆掉所有动、静触头，拆卸时注意动触头的方向、位置。拆下后，对比主、辅触头的不同点（这对 CJ10-10 的交流接触器特别重要，因其主、辅触头的形状、大小相差无几，要通过仔细观察、对比才能分清），做好这些观察准备工作，在按相反顺序依次安装时可避免产生一些不必要的麻烦。

（2）装配　按拆卸的逆顺序进行装配。

装配完后应进行如下检查：用万用表欧姆挡检查线圈及各触头接触是否良好；用绝缘电阻表测量各触头间及主触头对地绝缘电阻是否符合要求；用手按主触头检查运动部分是否灵活（如图2-10所示），以防产生接触不良、振动和噪声。

图 2-10　检查运动部分是否灵活

◆ 例 2-11　交流接触器触头压力不正常的检修

接触器触头烧损太快有本身的质量问题，也有选用不当造成触头烧蚀太快的原因。遇到这种问题，首先应该检查负荷电流是否超过接触器额定电流太多，或者是否用于频繁启动的场合，确属这种情况，则应更换大容量的交流接触器。如果被控对象是三相电动机，则应检查三相触头是否同步。如果不同步，三相电机启动时短时间内属于缺相运行，导致启动电流过大，应进行调整。

另外，还应检查触头压力是否正常，触头压力太小，会造成触头接触电阻增大，引起触点严重发热。测触头压力可用纸条法测定（如图2-11所示），方法是取一条比触头稍宽一点的纸条（纸条的厚度约0.1mm），放在触头之间，交流接触器闭合时，若纸条很容易抽出，说明触头压力不足；若将纸条拉断，说明压力过大。小容量交流接触器稍用力能将纸条拉出并且纸条完好，大容量电器用力能拉出纸条但有破损，则认为触头压力合适。可调整触头弹簧或更换弹簧，直至触头压力符合要求。

图 2-11 检查触头压力

例 2-12 接触器触头氧化层的检修

接触器触头上有氧化层时，如果是银的氧化物则不必除去；如是铜的氧化物则应处理，触头表面氧化不严重时，可在触头处涂上少许牙膏用牙刷反复刷即可修复；如有污垢，可用抹布蘸汽油或四氯化碳将其清洗干净，如图 2-12 所示。

图 2-12 用牙刷修复触头氧化层

例 2-13　接触器触头烧灼或有毛刺的检修

接触器触头烧灼或有毛刺时，应使用小刀或什锦锉整修触头表面，如图 2-13 所示。整修时不必将触头整修得十分光滑，因为过分光滑会使触头接触表面面积反而减小。另外，不要用砂纸去修整触头表面，以免金刚砂嵌入触头，影响触头的接触。

若触头烧灼比较严重，应更换触头。

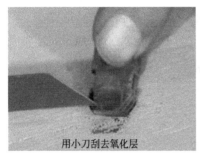

用小刀刮去氧化层　　　　　　　　用清洗剂清洗触点

(a) 用小刀和砂纸修复触点氧化层

(b) 用锉刀修复触头表面的毛刺

图 2-13　用小刀或什锦锉整修触头

例 2-14　交流接触器响声过大的检修

电源电压过低、触头弹簧压力过大、铁芯歪斜都可造成交流接触器的响声过大。交流接触器产生较大的响声，主要原因是线圈通入的是交流电，吸力是脉动的，因此可在极面上加短路环，以避免噪声的产生，而短路环的断裂会造成响声过大。排除的方法一般为检查短路环，调整弹簧，清洗或研磨铁芯极面等。当然，电源电压比所需电压低得太多也会产生这种现象，故应检查电源。

例 2-15 交流接触器的校验

拆装和检修后的交流接触器应进行校验，其方法如下：

① 将装配好的接触器按如图 2-14 所示接入校验电路。

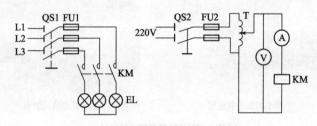

图 2-14 接触器动作值校验电路

② 选好电流表、电压表量程并调零；将调压变压器输出置于零位。

③ 合上 QS1 和 QS2，均匀调节调压变压器，使电压上升到接触器铁芯吸合为止，此时电压表的指示值即为接触器动作的电压值。该电压应小于或等于线圈额定电压的 85%。

④ 保持吸合电压值，分合开关 QS2，做两次冲击合闸试验，以校验动作的可靠性。

⑤ 均匀地降低调压变压器的输出电压，直至衔铁分离，此时电压表的指示值即为接触器的释放电压，释放电压值应大于线圈额定电压的 50%。

⑥ 将调压变压器的输出电压调至接触器线圈的额定电压，观察铁芯有无振动及噪声，从指示灯的明暗可判断主触头的接触情况。

🔖 例 2-16　交流接触器通电后不能动作的检修

某一台 CJ10-20 交流接触器，通电后没有反应，不能动作。

电磁机构中，线圈通电后会产生磁场。在磁场的作用下，固定铁芯与衔铁之间产生吸力，带动触头动作。接触器通电后不动作的原因有线圈断线、电源没有加上、机械部分卡死等。

检修时，首先查外电源，结果正常；再查接触器线圈引线两端电压，结果正常；再拆下电源引线，查线圈电阻，为无限大，确定线圈断线。打开接触器底盖，取出铁芯，检查线圈，发现引线从线端根部簧片处折断，其余部分完好。将簧片重新焊上，装好接触器，通电试验，恢复正常。

🔖 例 2-17　交流接触器通电后跳动的检修（一）

某一台 CJ10-20 交流接触器通电后，线圈内时有火花冒出，伴随冒火现象，接触器跳动。

有火花冒出，说明接触器线圈回路在接触器通电时有断路或短路现象，而接触器跳动，说明线圈通电过程中有间断现象。据此，问题应出在电气回路。

拆开接触器，取下铁芯，检查线圈回路，发现线圈引线与端头簧片之间已断裂。只是由于引线本身的弹力，使断头仍与引线端头相连。在接触器动作时，受到振动才造成线圈回路时断时开，并在断头处产生火花。取出线圈与卡簧，焊牢组装后通电试验，恢复正常。

🔖 例 2-18　交流接触器通电后跳动的检修（二）

一只装于控制箱内的 CJ10-100 交流接触器，在初次接线时，通电后发生跳动现象。

接触器快速而均匀地释放和吸合，一般情况下，是由于接触器接线错误而造成的，如线圈回路串接有该接触器的动断触头等。本例中可能的故障原因有电源问题、线圈问题和接线问题。

本例中最可能的问题为接线问题，因此首先检查接线。虽然线路比较简单，但反复检查，查不出问题所在。最后在接触器线圈接线柱另引两根导线，直接接入电源，但接触器仍跳动不已，看来可能是电源的故障了。为了证实这一现象，取来另外一只接触器，接入同一电源。该接触器动作干脆，吸合良好，说明电源正常。因此，问题出在接触器线圈回路中。断开电源，测量线圈回路电阻，阻值正常。查线圈与外壳绝缘电阻，为无穷大，表明绝缘很好。仔细检查线圈回路，发现线圈至接线端子一段连线有破皮及烧黑现象。至此才查出，引线由于外力而移动到了铁芯截面上。在接触器动作时，由于衔铁力量较大，导线绝缘层被衔铁砸破，使该导线与接触器铁芯短路，而接触器固定在控制箱上，控制箱又与大地可靠相连，造成线圈引线与零线短路。这种短路又只发生在衔铁吸合的时候。于是，当接触器吸合时，线圈回路被短路，线圈失电，衔铁释放，短路故障排除。线圈重新加电，衔铁又再次吸合，线圈又被短路，如此周而复始。将导线进行包扎后推入原位，通电试验，故障排除。

例 2-19　接触器触头烧蚀引起内燃机启动器工作异常的检修

某一台内燃机起动器，通电后能工作，但输出电压只有 25V，达不到正常时的 36V。

输出电压较低有多方面的原因。这是一台晶闸管控制的直流电源，因此造成输出电压较低的原因可能有：①外电源电压低；②变压器故障；③整流部分故障。

依据先易后难的原则，先查电源进线，三相之间电压均为 380V，结果正常；再查螺旋式熔断器后电源电压，三相之间也为 380V，结果也正常；最后检查变压器输入电压，除 U、V 相之间为 380V 外，其余相间均不正常，偏低较多。再查接触器主触头，主触头均有不同程度的烧蚀现象，其中有一对触头已烧坏，不能接通。更换接触器，故障排除。

例 2-20　线圈断电后，接触器不释放或延时释放的检修

① 如果是磁系统中柱无气隙，剩磁过大。则将剩磁间隙处的

极面锉去一部分，使间隙为 0.1～0.3mm，或在线圈二端并联一只 0.1μF 电容。

② 如果是接触器铁芯表面有油或使用一段时间后有油腻，可将铁芯表面防锈油脂擦干净，铁芯表面要求平整，但不宜过光，否则易于造成延时释放。

③ 如果是触头抗熔焊性能差，在启动电动机或线路短路时，大电流使触头焊牢而不能释放，其中以纯银触头较易熔焊。交流接触器的主触头应选用抗熔焊能力强的银基合金，如银铁、银镍等。

④ 如果控制线路接错，则按控制线路图更正接错部位。

例 2-21　接触器铁芯磨损极面变形的检修

铁芯磨损极面变形是接触器普遍存在问题，铁芯极面经过长期频繁碰撞后，沿迭片厚度方向向外扩张，并且极面还碰得高低不平，造成铁芯有噪声，还会造成因剩磁较大而粘住衔铁。极面变形的原因是铁芯铆压不紧或材料强度不够。另外，接触器的冲击动能过大也是一个原因。为消除后一种毛病，应适当调节铁芯的吸力特性与反作用力特性。在应急修理中，为防止铁芯粘住，常在中柱气隙里垫上 0.05mm 厚的一层电缆纸，如果这样噪声过大，可将中柱铁芯向下锉去 0.1mm，使它具有一定气隙，也可以采用更换铁芯的办法。

例 2-22　交流接触器常见故障检修

交流接触器常见故障原因及检修方法见表 2-9。

表 2-9　交流接触器常见故障及处理

故障现象	可能原因	处理方法
触点闭合而铁芯不能完全闭合	①电源电压过低或波动大 ②操作回路电源容量不足或断线；配线错误；触点接触不良 ③选用线圈不当 ④产品本身受损，如线圈受损，部件卡住；转轴生锈或歪斜 ⑤触点弹簧压力不匹配	①增高电源电压 ②增大电源容量，更换线路，修理触点 ③更换线圈 ④更换线圈，排除卡住部件；修理损坏零件 ⑤调整触点参数

故障现象	可能原因	处理方法
触点熔焊	①操作频率过高或超负荷使用 ②负载侧短路 ③触点弹簧压力过小 ④触点表面有异物 ⑤回路电压过低或有机械卡住	①调换合适的接触器 ②排除短路故障,更换触点 ③调整触点弹簧压力 ④清理触点表面 ⑤提高操作电源电压,排除机械卡住,使接触器吸合可靠
触点过度磨损	接触器选用不当,在一些场合造成其容量不足(如在反接振动,操作频率过高,三相触点动作不同步等)	更换适合繁重任务的接触器;如果三相触点动作不同步,应调整到同步
不释放或释放缓慢	①触点弹簧压力过小 ②触点熔焊 ③机械可动部分卡住,转轴生锈或歪斜 ④反力弹簧损坏 ⑤铁芯吸面有污物或尘埃粘着	①调整触点参数 ②排除熔焊故障,修理或更换触点 ③排除卡住故障,修理受损零件 ④更换反力弹簧 ⑤清理铁芯吸面
铁芯噪声过大	①电源电压过低 ②触点弹簧压力过大 ③磁系统歪斜或卡住,使铁芯不能吸平 ④吸面生锈或有异物 ⑤短路环断裂或脱落 ⑥铁芯吸面磨损过度而不平	①提高操作回路电压 ②调整触点弹簧压力 ③排除机械卡住 ④清理铁芯吸面 ⑤调换铁芯或短路环 ⑥更换铁芯
线圈过热或烧损	①电源电压过高或过低 ②线圈技术参数与实际使用条件不符合 ③操作频率过高 ④线圈制作不良或有机械损伤、绝缘损坏 ⑤使用环境条件特殊,如空气潮湿、有腐蚀性气体或环境温度过高等 ⑥运动部件卡住 ⑦铁芯吸面不平	①调整电源电压 ②更换线圈或者接触器 ③选择合适的接触器 ④更换线圈,排除线圈机械受损的故障 ⑤采用特殊设计的线圈 ⑥排除卡住现象 ⑦清理吸面或调换铁芯

2.1.6 继电器的检修

继电器是根据某一输入量（电、磁、声、光、热）达到一定值时，输出量将发生跳跃式变化的自动控制器件。与接触器相比，继电器具有触点额定电流很小，不需要灭弧装置，触点种类和数量较多，体积小等特点，但对其动作的准确性要求较高。

一般来说，继电器主要用来反映各种控制信号的变化情况，它实际上是用小电流去控制大电流运作的一种"自动开关"，其触点通常接在控制电路中，不直接控制电流较大的主电路，而是通过接触器或其他电器对主电路进行控制。通常应用于自动化的控制电路中，它实际上是用小电流去控制大电流运作的一种"自动开关"。

继电器的种类很多，常见继电器见表2-10。

表2-10 继电器的种类

分类方法	种类
按输入信号性质分	电流继电器、电压继电器、速度继电器、压力继电器
按工作原理分	电磁式继电器、电动式继电器、感应式继电器、晶体管式继电器和热继电器
输出方式分	有触点式和无触点式
按外形尺寸分	微型继电器、超小型继电器、小型继电器
按防护特征分	密封继电器、塑封继电器、防尘罩继电器、敞开继电器

例2-23 继电器性能的测试

在安装、维护、维修继电器时，可通过对继电器的一些参数进行测试，以鉴定其质量好坏，其参数项目见表2-11。

表2-11 测试继电器

项目	测试方法
触点电阻	使用万能表的电阻挡,测量动断触点与动点的电阻,其阻值应为0(用更加精确方式可测得触点阻值在100mΩ以内);而动合触点与动点的阻值应为无穷大。由此可以区别出哪个是动断触点,哪个是动合触点
线圈电阻	可用万能表R×10挡测量继电器线圈的阻值,从而判断该线圈是否存在着开路现象

续表

项目	测试方法
吸合电压 吸合电流	采用可调稳压电源和电流表,给继电器输入一组电压,且在供电回路中串入电流表进行监测。慢慢调高电源电压,听到继电器吸合声时,记下该吸合电压和吸合电流。为求准确,可以多试几次而求平均值
释放电压 释放电流	与测试吸合电压和吸合电流的电路连接方法一样,当继电器发生吸合后,再逐渐降低供电电压,当听到继电器再次发生释放声音时,记下此时的电压和电流,可尝试多几次而取得平均的释放电压和释放电流。一般情况下,继电器的释放电压约在吸合电压的 10%～50%,如果释放电压太小(小于 1/10 的吸合电压),则不能正常使用,这样会对电路的稳定性造成威胁,工作不可靠

例 2-24　时间继电器动作时间的检验

在作定期检验时,继电器在整定位置加以额定电压测量动作时间三次,取其平均值,要求每次测量值与整定值的误差应不超过 0.07s。对新安装的继电器还需在额定电压下测定最大与最小刻度位置时的动作时间。

直流时间继电器的动作电压不大于 70% 额定电压值,返回电压应不小于 5% 额定电压值。

当测得的时间与刻度值不符时,可移动刻度盘使其满足要求。当继电器全刻度误差超过其值的 ±3% 时,应对钟表机构进行调整,其调整方法如下:

① 调整钟摆偏心轴承,使钟摆与摆齿啮合适当,以防卡死或打滑。

② 调整钟摆摆锤的远近。若时间短,可调远些;否则,反之。

③ 调整钟表弹簧的拉力。

当使用与频率有关的仪器进行时间测量时,应对频率的影响加以校正。

例 2-25　时间继电器常见故障检修

时间继电器常见故障原因及检修方法见表 2-12。

表 2-12 时间继电器常见故障原因及检修方法

故障现象	产生原因	检修方法
触头不动作	①电磁线圈断线 ②电源电压低于线圈额定电压很多 ③电动式时间继电器的同步电动机线圈断线 ④电动式时间继电器的棘爪无弹性，不能刹住棘齿 ⑤电动式时间继电器游丝断裂	①更换线圈 ②更换线圈或调高电源电压 ③重绕电动机线圈，或调换同步电动机 ④更换新的合格的棘爪 ⑤更换游丝
延时时间变长	①空气阻尼式时间继电器的气室内有灰尘，使气道阻塞 ②电动式时间继电器的传动机构缺润滑油	①清除气室内灰尘，使气道畅通 ②加入适量的润滑油
延时时间缩短	①空气阻尼式时间继电器的气室装配不严，漏气 ②空气阻尼式时间继电器的气室内橡胶薄膜损坏	①修理或调换气室 ②更换橡胶薄膜

例 2-26 **热继电器常见故障检修**

热继电器常见故障原因及检修方法见表 2-13。

表 2-13 热继电器常见故障原因及检修方法

故障现象	产生原因	检修方法
误动作	①选用热继电器的规格不当（例如与负载电流值不匹配） ②热继电器整定电流值偏低 ③电动机启动电流过大，电动机启动时间过长 ④在短时间内频繁启动电动机	①更换热继电器，使它的额定值与电动机额定值相符 ②调整热继电器整定值使其正好与电动机的额定电流值相符合并对应 ③减轻启动负载；电动机启动时间过长时，应将时间继电器调整的时间稍短些 ④减少电动机启动次数

故障现象	产生原因	检修方法
误动作	⑤连接热继电器主回路的导线过细、接触不良或主导线在热继电器接线端子上未压紧 ⑥热继电器受到强烈的冲击振动 ⑦热继电器安装不合规定，或热继电器周围温度与被保护设备的周围温度相差太大	⑤更换连接热继电器主回路的导线，使其横截面积符合电流要求；重新压紧热继电器主回路的导线端子 ⑥改善热继电器使用环境 ⑦按照规定安装热继电器，按两处的温度差配置适当的热继电器
电动机烧坏，热继电器不动作	①热继电器整定电流值整定得过大 ②热继电器的热元件脱焊或烧断 ③热继电器动作机构卡死 ④上导板脱出 ⑤连接热继电器的主回路导线过粗 ⑥热继电器年久失修，导致机械动作机构和胶木零件的磨损。积尘锈蚀或变形甚至卡住	①重新调整热继电器电流值 ②用酒精清洗热继电器的动作触头，更换损坏部件 ③调整热继电器动作机构，并加以修理 ④导板脱出，要重新放入并调整好 ⑤更换成符合标准的导线 ⑥定期修理调整，防止热继电器动作特性发生变化
热元件烧坏	①选用的热继电器规格与实际负载电流不匹配 ②负载侧短路或电流过大 ③操作电动机过于频繁启动 ④热继电器动作机构不灵，使热元件长期超载运行 ⑤热继电器的主接线端子与电源线连接时有松动现象或接头处氧化，线头接触不良引起发热烧坏	①热继电器的规格要选择适当 ②检查并排除电路的短路故障后，更换合适的热继电器 ③改变操作电动机方式，减少启动电动机次数 ④更换动作灵敏的合格热继电器 ⑤设法去掉接线头与热继电器接线端子的氧化层，并重新压紧热继电器的主接线
动作不稳定	①接线螺钉未拧紧 ②配电源质量差，电压波动太大	①拧紧接线螺钉 ②加装电源稳压器，改善电源电压质量

例 2-27 继电器触点磨损过快或火花太大的检修

继电器的控制对象主要是各种电器的电磁线圈以及某些信号电路，因此其触点的额定电流一般都较小，一般不超过 5A。但为达到灵敏度高和结构小巧的目的，继电器触点压力不得不取得尽可能的小，加之动作又很频繁，而负载又多为电感性的，工作电流比较大。因此，有时需要设置灭火花电路以减轻触点的负担。

当继电器的触点磨损过快或火花太大（甚至产生无线电干扰）时，应采用灭火花电路。灭火花电路就是与继电器的触点并联的放电回路，在继电器的触点分断时，能把电流转移到放电回路，以此保护触点。灭火花电路用于继电器，以保护其触点系统，降低其磨损，提高其分断能力，从而保证整个继电器的工作安全可靠。

2.1.7 主令控制器的检修

主令控制器主要用于电气传动装置中，按照预定程序换接控制电路接线的主令电器，达到发布命令或其他控制线路联锁、转换的目的，如图 2-15 所示。

LK1系列   LK4系列   LK5系列   LK16系列

图 2-15 主令控制器

主令控制器适用于频繁对电路进行接通和切断，常配合磁力起动器对绕线式异步电动机的启动、制动、调速及换向实行远距离控制，广泛用于各类起重机械的拖动电动机的控制系统中。由于主令控制器的控制对象是二次电路，因此其触头工作电流不大。

主令控制器按其结构形式（主令能否调节）可分为两类：一

类是主令可调式主令控制器；一类是主令固定式主令控制器。前者的主令片上开有小孔和槽，使之能根据规定的触头关合图进行调整；后者的主令只能根据规定的触头关合图进行适当的排列与组合。

主令控制器一般由触头系统、操作机构、转轴、手柄、复位弹簧、接线柱等组成，如图 2-16 所示。

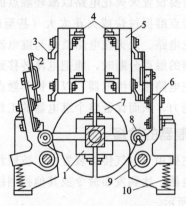

图 2-16 主令控制器的结构

1—方形转轴；2—动触头；3—静触头；4—接线柱；5—绝缘板；
6—支架；7—凸轮块；8—小轮；9—转动轴；10—复位弹簧

例 2-28 主令控制器常见故障检修

主令控制器常见故障原因及检修方法见表 2-14。

表 2-14 主令控制器常见故障原因及检修

故障现象	故障原因	检修方法
操作不灵活	滚动轴承损坏或卡死	修理或更换轴承
	凸轮鼓或触头嵌入异物	取出异物,修复或更换产品
	操纵杆上的"防尘皮碗"损坏,灰尘、纸皮垃圾或雨水等进入到控制器内部,造成触点脏污或被卡	对各触点用电器清洁剂喷射清洁、活络,测量各触点直至证实其动作正常然后装置即可

续表

故障现象	故障原因	检修方法
触头过热或 烧毁	控制器容量过小	选用较大容量的主令控制器
	触头压力过小	调整或更换触头弹簧
	触头表面烧毛或有油污	修理或清洗触头
定位不准或 分合顺序不对	凸轮片碎裂脱落或凸轮角度 磨损变化	更换凸轮片

例 2-29　**主令控制器故障导致 1# 炉料车中途自动停车的检修**

　　某晚班，1# 炉北料车在上行至炉顶弯轨处时就自动停车，距离到位还有几米。电工根据故障现象，第一时间赶往主控室，首先查看主控室内的操作屏上的"料车急停按钮"是否在停止位，并询问操作工有没有搞操作屏上的卫生而导致"料车急停按钮"被置位的误动作（以前有过这样的误动作），他们说操作屏碰都没碰，电工仔细检查"料车急停按钮"确在正常位，没被置位。于是立即赶往配电房，发现料车电源柜上的"料车电源合"的指示灯 HL3 不亮，查看接触器 KM3 确实已断开，再查看料车钢丝绳，没发现钢丝绳有打仓口保险的迹象（此故障是最容易出的，一般先查看该故障点），于是手动按下"料车电源合"按钮 SB2，发现料车电源接触器 KM3 能闭合但不能自锁。如图 2-17 所示为料车电源电气控制

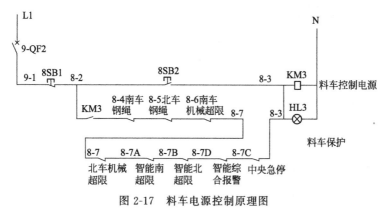

图 2-17　料车电源控制原理图

原理图。

通过分析，能引发此故障现象的原因共有以下几个：①主控室操作屏上的"急停按钮"即中央急停被断开；②料车智能主令控制器配电箱内的南、北智能超限断开；③电源接触器 KM3 的自锁触头坏（接触不良）；④机械主令控制器的南、北超极限爪子断开；⑤钢丝绳过长，打窗口保险开关而断开；⑥智能主令控制器综合报警断开。

于是根据以上几点来逐步检查，检查发现机械主令控制器北车的超极限触点断开了。由于机械主令控制器的北车超极限爪子的动触头的弹簧由于锈蚀而导致其压力过小，稍有一点振动就会使其超极限爪子断开。故障点找到后，从机械主令控制器的其他没有使用的备用爪子上取下一个弹簧给予更换，故障排除，料车运行正常。

卷扬房内机械主令控制器所处环境恶劣、灰尘多、水蒸气大等，容易使触头氧化，轴承锈死，必须经常点检加油，做好防灰尘、防水蒸气锈蚀等措施。在排除故障时应仔细询问操作工，了解故障发生时的现象及他们的操作过程，依据电控原理图来冷静分析故障的可能位置，以便及时快速地查找并处理好故障。

2.2 常用高压电器的检修

2.2.1 高压断路器的检修

高压断路器具有控制和保护的双重作用。即根据电力系统的需要，将部分或全部电力设备或电路投入或退出运行（控制作用）；电力系统有故障时，能迅速切除故障部分，有时还要求做重合闸动作，将故障损失限制在最小范围（保护作用）。

高压断路器按灭弧介质，可分为油断路器、真空断路器、SF_6（六氟化硫）断路器、自产气断路器和磁吹断路器等。

例 2-30 **SN10-10 型少油断路器的检修**

SN10-10 型少油断路器的结构如图 2-18 所示。

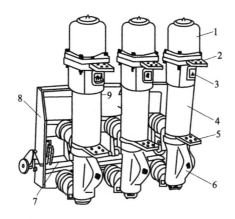

图 2-18　SN10-10 型少油断路器的结构

1—上帽；2—上出线座；3—油标；4—绝缘筒；5—下出线座；
6—基座；7—主轴；8—框架；9—断路弹簧

（1）本体拆卸　拆下引线，拧开放油阀，排放油，拆除传动轴拐臂与绝缘连杆的连接，然后按照下列顺序逐步解体。

①拧开顶部四个螺钉，卸下断路器的顶罩，此时可以观察上帽内的惯性膨胀式油气分离器的结构。

②取下静触头和绝缘套。松开静触头的六角螺母，取出小钢球，可以观察瓣形静触头是否正常（共 12 片紫铜镀银触指，其中 4 片较长的为弧触指，其余 8 片为工作触指）。

③用专用工具拧开螺纹套，逐次取出绝缘隔弧片。注意观察隔弧片的方向性（取出后在外重新装好），注意观察变压器油的进油方向及纵吹、横吹通道。

④用套筒扳手拧开绝缘筒内的 4 个螺钉，取下铝压环、绝缘筒和下出线座（如果断路器下部无异常现象，可不拆卸绝缘筒，用变压器油冲洗即可），注意密封圈的设置。

⑤取出滚动触头，拉起导电杆，拔去导电杆尾部与连板连接的销子，即可取下导电杆。观察动触头、导电杆、紫铜滚动触头的相对位置，手动操作，观察导电杆运动的情况。

⑥ 拧下底部 3 个螺钉，拆卸油缓冲器。

（2）本体的检修

① 将取出的隔弧片和大小绝缘筒，用合格的变压器油清洗干净后，检查有无烧伤、断裂、变形、变潮等情况。对受潮的部件应进行干燥（放在 80～90℃ 的烘箱或变压器油内干燥），在干燥过程中应立放，并经常调换在烘箱内的位置。

② 将静触头上的触指和弹簧钢片拔出，放在汽油中清洗干净，检查触指烧伤情况，轻者用 00 号砂纸打光，重者应更换。检查弹簧钢片，如有变形或断裂者应更换之。在触指组装时，应保证每片触指接触良好，导电杆插入后有一定的接触压力。

③ 检查逆止阀钢球动作是否灵活，行程应为 0.5～1mm（用游标卡尺的测深尺测量）。

④ 检查滚动触头表面镀银情况是否良好，用布擦拭，切忌用砂纸打磨。

⑤ 检查导电杆表面是否光滑，有无烧伤、变形等情况，要求从动触头顶端起 60～100mm 处保持光洁，不能有任何痕迹。导电杆的铜钨头如有轻度烧伤，可用锉刀或砂纸打光，对烧伤严重（烧伤深度达 2mm）的应更换，更换后的触头结合处打三个防松的冲眼（不能用铁钳直接夹持导电杆）。

⑥ 检查本体的支持瓷套管和支架的套管瓷瓶有无裂纹、破损，如有轻微掉块可用环氧树脂修补，严重时应更换。

（3）传动机构的检修

① 拆开传动机构与操作机构的连接部分，即拆开传动拉杆与拐臂的连接销子，然后用手拉动拐臂，详细检查传动机构的所有连接处，并注意对如下几个部分的检修。

a. 检查各主轴有无磨损现象和变形，轴承孔眼有无堵塞物。如发现主轴有轻微磨损现象，可用锉刀或砂布打磨光滑，严重者需要更换。

b. 检查各传动部件有无卡涩现象，主轴在轴承内能否自由转动。如发现主轴有卡涩现象，可移动支持瓷瓶位置或增减支持瓷瓶与油箱之间的垫片，以改变油箱在支架上的安装位置和垂直高度，以消除卡涩现象。注意在移动油箱位置时，必须保持各相油箱间的中心距离为（250±2）mm。也可在上帽螺钉和放油塞处测量相同距离。

c. 传动机构的运动部分（包括轴、销子、垫片等）应涂以润滑油，各部分轴销应连接牢固，开口销、垫片应齐全完整。

② 仔细检查分闸弹簧有无缺陷，各匝间距离是否均匀。一般检查不取下弹簧，也不随便松动它，只有当分闸速度不合格时才进行调整，如调整无效，说明弹簧已损坏，则应更换。

③ 检查分闸油缓冲器的完整性。用手操动触杆，如有卡涩现象，可拆下油箱尾部3个螺钉，将油缓冲器取下，检查缓冲器杆是否弯曲。检查合闸弹簧缓冲器下面的螺母，取下弹簧及螺杆，检查弹性是否良好，有无生锈现象，并将其清洗后涂上黄油，保持润滑。

④ 检查传动拐臂转动油封处是否渗油，各种密封垫圈是否齐全完好。

（4）断路器本体的组装　组装前将油箱用合格的变压器油冲洗干净，检查油位指示器、传动拐臂的转动油封、放油阀等处的密封情况，更换各处的密封圈，然后按拆卸相反的顺序组装。组装时应注意以下几点：

① 隔弧片的组合顺序和方向正确，灭弧室内横吹口要畅通，横吹口的方向为引出线的反方向。

② 装静触头之前检查静触头架上是否有密封，触头座内是否有逆止阀。

③ 装顶罩时，B相顶罩排气孔的方向与引出线的方向相反，A、C两相的顶罩排气孔与B相的相差为45°。

本体组装完毕后，将传动拉杆与拐臂连接，手动操作几次，检查连接是否正确。

（5）组装后的调整

① 调整灭弧片上端面至上引线座上端面的距离。要求SN10-

10Ⅱ型为（135±0.5）mm，SN10-10 Ⅲ型为（153±0.5）mm，如不合要求，可由调整灭弧片之间的垫片来达到。

② 调整动触头合闸位置的高度。动触头上端面至上引线座上端面的距离要求 SN10-10 Ⅰ型为（130±1.5）mm，SN10-10 Ⅱ型为（110±1.5）mm、SN10-10 Ⅲ型为 [122±（1~2）]mm，这样才能满足超行程的要求。可通过调节主轴至机构室绝缘连杆的长短来达到，也可调主轴到操动机构的传动杆的长短。即连杆调短就使上述尺寸减少，超行程增大，而连杆调长则使上述尺寸增加，超行程减小。

③ 调整导电杆的行程。要求总行程 SN10-10 Ⅰ型为（145±3）mm、SN10-10 Ⅱ型为（155±3）mm、SN10-10 Ⅲ型为（157±3）mm。不合格时可调节传动拉杆或连杆的长短来达到，也可增减分闸限位器的铁片和橡胶垫圈数来达到，调后不影响超行程。

④ 调同期性。三相分闸不同期性要求不大于 2mm，不合格时可由改变各相绝缘连杆的长短来达到。调连杆时，应注意不能影响动触头端面至上引线座上端面的距离。调同期可和调行程同时进行。

⑤ 调整合闸弹簧缓冲器。在断路器处于合闸位置时，拐臂的终端滚子打在缓冲器上距极限位置还应留有 2~4mm 的间隙。

⑥ 调整动静触头的同心度。将静触头座安装在油箱上部的凸台上，暂不拧紧螺栓，手动合闸几次，用动触头向上插入静触头的力，使静触头稍作移动，达到自动调节同心的目的。

（6）操作检验　在直流 80%（或交流 85%）额定合闸电压下合闸 5 次，在 120% 额定分闸电压下分闸 5 次，在 110% 额定合闸电压下合闸 5 次，在 65% 额定分闸电压下分闸 5 次，能手动合闸断路器，应用手力分、合 3 次。

例 2-31　真空断路器的检修

① 真空断路器运行中的检查（限于不打开柜门即可进行的检查）。

a. 套管瓷瓶有无破损、裂纹及放电现象。

b. 各部位应接触良好，不变色。

c. 操作机构及隔板应完好。

d. 各接头无松动及异常声音。

e. 位置指示器指示位置应正确。

② 常见故障及处理方法，见表 2-15。

表 2-15　真空断路器常见故障及处理

故障现象	可能原因	处理方法
真空开关不能合闸	合闸电磁铁线圈回路断线或铁芯损坏	检查合闸电磁铁线圈回路,消除断路部分或更换电磁铁铁芯
	真空开关合闸机械部位卡涩	检查真空开关合闸机械部分,找出故障点,调整或更换相关机械部件,保证真空开关传动系统动作正常
	开关后侧挡板的插头接触不好	打开后挡板,检查插头的接触情况,针对处理
真空开关不能分闸	分闸电磁铁线圈回路断线或铁芯损坏	检查分闸电磁铁线圈回路,消除断路部分或更换电磁铁铁芯
	真空开关分闸机械部位卡涩	检查真空开关分闸机械部分,找出故障点,调整或更换相关机械部件,保证真空开关传动系统动作正常
真空开关误分闸	真空开关分闸掣子闭锁不牢靠	检查、调整真空开关分闸掣子
	操作直流电源回路多点接地或控制系统中存在寄生回路	查找直流系统接地点,消除控制系统中的寄生回路
	继电保护装置误动	校验继电保护装置
真空开关不能储能	储能电动机故障	检查更换储能电动机
	减速箱蜗轮、传动凸轮、棘爪故障,不能完成动力传递	检查、更换减速箱蜗轮、传动凸轮、棘爪
	储能弹簧损坏	更换储能弹簧

故障现象	可能原因	处理方法
真空开关在进行交流耐压试验时出现放电击穿现象	真空开关真空泡内真空度降低	对真空开关真空泡进行真空度测试,如果发现真空泡内真空度低于标准值,应进行更换
真空开关主触头导电回路接触电阻超标	动、静触头在长时间运行后或在多次开断短路故障电流时损坏	更换真空泡
真空开关隔离触头过热	真空开关动、静隔离触头表面氧化	对真空开关动、静隔离触头表面氧化膜进行处理,并涂新电力复合脂
	真空开关在运行中存在过负荷现象	检查电动机负荷情况,校验保护装置定值,杜绝真空开关在过负荷情况下长时间运行
	隔离触头弹簧过松	更换弹簧
部分二次插头有裂纹	产品质量问题(普遍存在)	更换二次插头
"试验""工作"位置指示灯同时亮	位置板(S9)卡涩	调整位置板使之灵活并涂润滑脂

例 2-32 SN10-10 型断路器烧坏事故的检修

某集控室照明突然熄灭,事故照明自投,＃2101 断路器跳闸。＃2001 断路器自投不成功,＃650 断路器跳闸,6kV Ⅰ段母线失压,发电机断水,失磁联锁光字牌亮。随即＃610 断路器灭磁开关 MK、＃2201 断路器跳闸,＃1 机与系统解列。值班员速去 6kV Ⅰ段室内检查,发现＃2001 断路器处短路且已着火,灭火后拉出该断路器,退出 6kV Ⅰ段,合上＃650、＃2002 断路器,6kV Ⅰ段恢复供电,检查设备无异常,于 7 时 43 分＃1 机并网恢复运行。

事故后检查,＃2001 开关柜已彻底烧毁,柜内断路器(SN10-10Ⅲ型)、支柱瓷瓶及绝缘隔板均已烧焦,简体顶盖熔缺。解体检查，灭弧室绝缘片尚好，动、静触头略带轻伤在断开位置。

通过对事故的分析，认为外绝缘闪络是事故的起因，♯2001断路器的绝缘接杆和支柱瓷瓶均采用环氧树脂材料，表面易吸潮凝露，受污秽等因素影响，导致绝缘表面泄漏增大，当绝缘下降到一定程度时，发生对地闪络，并发展成相间短路，这是引起开关柜事故的内因。事故后取另一台完好断路器的绝缘拉杆作试样进行浸水试验，其绝缘电阻仅为 $65M\Omega$，可见环氧绝缘拉杆吸潮后绝缘电阻明显下降。另外，开关柜运行环境差，6kV Ⅰ 段开关柜安装在汽机房零米层，而♯2001 断路器底部电缆沟未封闭，沟内有蒸汽窜入开关柜，导致柜内绝缘下降，这是引起开关柜事故的外因。

防止措施如下：

① 在 6kV Ⅰ 段开关室内装两组去湿机，以降低周围空气湿度。

② 环氧支柱瓷瓶抗污秽能力及热稳定性差，更换为纯瓷质瓷瓶。拉杆加绝缘裙。

③ 将电缆沟堵封，避免水蒸气进入开关柜。

④ 加强对设备的清扫，每季至少 1 次。

⑤ 加强技术监督，防止事故再次发生。

故障找到后，重新组装，并经分、合闸行程调试，同期性调试，每相导电回路直流电阻测试，工频耐压试验，都符合要求后，送电成功。

从这次故障中，认识到年度定期大修时，必须重视螺钉的检查与紧固，以防断路器拒合。

🔷 例 2-33　断路器三相不同步引起的故障

某电灌站有高压电动机 7 台，容量 380kW，电压 6kV。每台电动机的启动均由 1 台 GG1A-03 开关柜直接启动，断路器型号为 SN10-10，采用 GLl5-10/A 型过电流继电器保护。2 只继电器分别接在 L1、L3 两相的 LQJ-10-75/5A 型电流互感器二次侧。

♯3 电动机投入运行以来，启动正常。到夏季运行中电动机启动的一瞬间就跳闸。启动多次均不能成功。

经检查，发现是 L1 相电流继电器掉牌。开始认为是过电流继电器整定值变小而启动电流大引起跳闸。经校整，过流、速断、定值都没有变化，把速断定值加大，电动机还是启动不了。后检查电流互感器变比、电动机、引线电缆都完好。最后怀疑问题出在断路器上。测试断路器触头直流电阻，三相基本符合要求。校验三相同期性，则发现 L1、L2 两相接触早而 L3 相接触迟。调整三相同期性后，井3 电动机能正常启动。

开关柜内装的断路器是三相分开安装的，通过连杆的传动而动作，如图 2-19 所示。新安装的断路器投入运行前都要做三相同期的调整，触头直流电阻测试全部合格后方可投入运行。由于断路器振动，使各处固定螺钉出现松动现象，引起触头位移，就会造成断路器三相不同期现象。一旦三相触头动作不同期就会发生上述故障。

图 2-19 开关柜内装的断路器

鉴于以上事故，就要定期进行三相同期性的检查，测试其直流接触电阻，以保护电动机正常启动运行。

例 2-34 少油断路器爆炸的检修

某变电所 17 时 31 分主变压器一次断路器 B 相北柱突然爆

炸。这次事故造成三个变电所停电。断路器瓷套爆炸，碎片飞溅，将瓷套崩坏不能使用，隔离开关瓷柱击坏两节，其他设备有轻微伤痕。

① 发生事故的直接原因是因为断路器油中有水，使提升杆受潮引起局部放电，最后发展到对地绝缘击穿爆炸。

② 该局试验所做预试时，已发现这相断路器油中有水，耐压仅为18.8kV，结论为不合格。7月10日变电所将"耐压18.8kV，不合格"的结果（未注明有水）分别书面通知检修单位与生技科，要求尽快停电处理。安排开关班班长姜××派人采油样复试后，再定是否处理，7月14日采油样复试结果，耐压为31.2kV，不合格，但操作人在缺陷处理栏内误写为"油试42kV"，并用电话告诉了变电所和生技科。在7月10日两次设备评级期间，变电所专责工程师多次打电话，要油复试结果，回答说："合格"，但找不到合格的通知单。于是11月20日又采油样复试，此次试验结果仍不合格。变电所又催要试验通知单，再次派人于12月16日采样，试验合格。实际上，当时天气寒冷，水已结冰，试验结果不能真实反映油中有水，以致这个重大缺陷一误再误，未及时处理，是造成事故的主要原因。

③ 设备缺陷与检修管理方面，没有建立起完善的管理制度。这台断路器油中有水，运行单位提出尽快处理，而检修单位则反复试验，长期不做处理。绝缘监督、油务监督未坚持正常开展工作，在秋检变电所验收以及年终设备定级被漏掉，掩盖了隐患，是发生事故的原因。

防范措施如下：

① 把安全生产管理上的各部门、各级人员在岗位责任制落实到实处，明确建立缺陷管理制度。

② 加强绝缘油的监督力度，对试验中发现的不合格油，一定要跟踪监督，追踪到具体设备、具体负责处理的班组以及具体负责的人员和处理日期，到期做到现场、现设备考核。如未进行处理，应及时反映到主管领导，必要时应将设备停止运行。

例 2-35 真空断路器触头接触不良故障的检修

如某厂氧气站运行值班人员在设备巡视中，发现♯1制氧机组所配 250kW、6kV 同步电动机运行声音异常，电动机振动大，控制柜电机定子电流指针上下摆动很大，立即停机。发现 6kV 高压柜♯C411 电流互感器二次出线严重烧坏，对此进行了处理，并测量了同步电动机定转子气隙，没有发现扫膛现象。再次启动同步电动机，运行不到 2min，机组再次出现前述故障现象，同时跳闸停机。

根据故障现象，对 6kV 高压断路器（ZN9-630A/10kV-20kV 真空断路器）进行了全面检查及处理。

① 测同步电动机和 6kV 高压断路器绝缘状况，在正常值范围。

② 发现真空断路器三相不同期性超过 1mm 以上，其中 C 相最差，合闸状态下 C 相同期灯微亮。

③ 检查三相主触点合闸接触直流电阻，C 相严重超标，接触电阻值为 250Ω（规程要求≤50$\mu\Omega$）。调整加大超行程，C 相接触电阻未改变。由此判断为 C 相真空灭弧室触头接触不良。

④ 更换 C 相真空灭弧室，调整三相同期性，使三相不同期＜1mm，测试三相触头接触电阻≤50$\mu\Omega$。

经过上述处理后，重新启动运行，同步电动机故障现象消除。

经过分析，故障的直接原因是真空断路器 C 相主触头接触不良，造成同步电动机三相电流不平衡，最终发生过流跳闸故障。

对更换下来的真空灭弧室进行检查，外表观察发现真空断路器动导电杆及真空灭弧室外壳有过热现象。进一步将真空灭弧室解体，发现灭弧室内主动静触头旋弧面已严重烧熔，旋弧面上三条阿基米德螺旋槽已堵死，灭弧室内还掉落有不少触头烧熔焊渣。

经分析，真空断路器动、静触头严重烧熔的原因是触头接触压力减小，没有及时进行调整，引起运行中触头接触电阻增大而发热。触头材料由易熔合金材料构成，发热使低熔点金属烧熔，破坏了触头的旋弧表面，降低触头的灭弧能力，分合闸时产生的真空电弧又加速触头的烧熔。如此恶性循环，使真空灭弧室内动静触头烧坏。要不是及时处理上述故障，真空灭弧室将可能因为高温过热不能有效灭弧而爆炸。

真空断路器是一种新型高压开关设备，其触头密封在不能拆卸的真空灭弧室内，不便直观检查。日常运行中如不重视检查维护，将引起开关设备的严重故障。在日常运行中，应加强维护检查，主要有以下几个方面：

① 定期检查并保证三相触头合闸不同期性<1mm。

② 定期测量三相触头开距和超行程，建立设备档案，调整开距和行程在规定值范围。当触头磨损超过 4mm 时，应更换灭弧室。

③ 定期测量三相触头合闸接触电阻值，使之≤50μΩ。

④ 对真空灭弧室每年进行 1 次工频耐压试验，以间接检查真空灭弧室的真空度。耐压值取 27kV。

⑤ 定期检查真空断路器机械传动机构。给转动部件添加润滑脂，使之动作灵活；调整检查触头分合闸缓冲器；增大触头合闸接触压力，减少分合闸时触头的弹跳。

⑥ 检查导电部分连接头紧固状况，加涂导电膏，保证接头接触良好。

⑦ 加强日常巡视检查，保持真空断路器清洁，观察灭弧室外壳有无裂纹、过热现象，记录真空断路器分合闸动作次数。真空断路器的运用如图 2-20 所示。

2.2.2 高压熔断器的检修

高压熔断器主要用于高压输电线路、变压器、电压互感器等电气设备的过载和短路保护。

高压熔断器按装设地点不同，分为户内式和户外式；按熔管的动作情况不同，分为固定式和跌落式；按断流特性不同，分为限流式和非限流式。

图 2-20　真空断路器要加强日常巡视检查

例 2-36　10kV 高压熔断器的停电检查

① 静、动触头按触是否吻合，紧密完好，有无烧伤痕迹。

② 熔断器转动部位是否灵活，有无锈蚀、转动不灵等异常情况。零部件是否损坏，弹簧是否锈蚀。

③ 熔体本身是否受到损伤，经长期通电后有无发热伸长过多变得松弛无力。

④ 熔管经多次动作后，管内产气用的消弧管是否烧伤，是否损伤变形。

⑤ 洁扫绝缘子并检查有无损伤、裂纹或放电痕迹，拆开上、下引线后，用 2500V 摇表测试绝缘电阻应大于 300MΩ。

⑥ 检查熔断器上下连接引线有无松动、放电、过热现象。

例 2-37　跌落式熔断器常见故障

跌落式熔断器常见故障及原因见表 2-16。

表 2-16　跌落式熔断器常见故障及原因

故障现象	故障原因
烧保险管	跌落式熔断器烧管故障都是在熔丝熔断后发生的,由于熔丝熔断后不能自动跌落,这时电弧在管子内未被及时切断而形成了连续电弧将管子烧坏 ①上下转动轴安装不正,被杂物阻塞 ②转轴部分较粗糙,导致阻力过大,不灵活
保险管误跌落	①保险管尺寸与保险器固定接触部分尺寸匹配不合适,极易松动,一旦遇到大风就会被吹落 ②合闸操作后未进行检查,稍一振动便自行跌落 ③熔断器上部触头的弹簧压力过小,且在鸭嘴(保险器上盖)内的直角突起处被烧伤或磨损,不能挡住管子 ④熔断器安装的角度(即保险器轴线与垂直线之间的夹角)不合适 ⑤熔丝附件太粗,保险管孔太细,即使熔丝熔断,熔丝元件也不易从管中脱出使管子不能迅速跌落
熔丝误断	①熔丝额定容量过小,或与下一级熔丝容量配合不当,发生越级误断熔丝 ②熔丝质量不良,其焊接处受到温度及机械力的作用后脱开 ③熔丝氧化生锈,最易发生误熔断

例 2-38　跌落式熔断器更换熔丝

跌落式熔断器使用专门的铜熔丝,在发生短路熔断后可更换。更换时,选用的熔丝应与原来的规格一致,如图 2-21 所示。

图 2-21　更换熔丝操作

2.2.3 高压隔离开关的检修

高压隔离开关俗称刀闸，是发电厂和变电站电气系统中重要的开关电器，需与高压断路器配套使用。常用的高压隔离开关有 GN19-10、GN19-10 C，其主要功能如下。

① 隔离电压。在检修电气设备时，用隔离开关将被检修的设备与电源电压隔离，并形成明显可见的断开间隙，以确保检修的安全。

② 倒闸。投入备用母线或旁路母线以及改变运行方式时，常用隔离开关配合断路器，协同操作来完成。例如：在双母线电路中，可用高压隔离开关将运行中的电路从一条母线切换到另一条母线上。

③ 分、合小电流。因隔离开关具有一定的分、合小电感电流和电容电流的能力，故一般可用来进行以下操作：

a. 分、合避雷器、电压互感器和空载母线；

b. 分、合励磁电流不超过 2A 的空载变压器；

c. 关合电流不超过 5A 的空载线路。

④ 在高压成套配电装置中，高压隔离开关常用作电压互感器、避雷器、配电所用变压器及计量柜的高压控制电器。

例 2-39　高压隔离开关接触面的检修

① 清除接触面的氧化层。

② 检查固定触头夹片与活动刀片的接触压力。用 0.06mm×10mm 的塞尺检查，其塞入深度不应大于 6mm。接触不紧时，对于户内型隔离开关，可以调节两侧弹簧的压力；对于户外型隔离开关，则将弹簧片与触头结合的钉铆死。

③ 在合闸位置，刀片应距静触头刀口的后底部 3～5mm，以免刀片冲击绝缘子。若间隙不够，可以调节拉杆长度或调节拉杆绝缘子的调节螺钉的长度。

④ 检查两接触面的中心线是否在同一直线上，若有偏差，可通过略微改变静触头或瓷柱的位置来进行调整。

⑤ 三相联动的隔离开关，不同期差不能超过规定值。否则，应调节传动拉杆的长度或调节拉杆绝缘于的调节螺钉的长度。

例 2-40 高压隔离开关手动操动机构的检修

① 清除操动机构上的积灰和脏污，检查各部分的螺钉、垫圈、销子是否齐全和紧固。各传动部分应涂适量的润滑油。

② 蜗轮式操动机构组装后，应检查蜗轮与蜗杆的配合情况，不能有磨损、卡涩现象。

例 2-41 高压隔离开关电动操动机构的检修

① 检查电动机完好无缺陷，转向正确，必要时给电动机加润滑脂。

② 检查控制回路的接线，二次元件有无损坏，接触是否良好，分合闸指示是否正确。

③ 检查辅助开关，清除辅助开关上的灰尘和油泥；检查并调整其小臂、传动、小弹簧及接触片的压力，活动关节处加润滑油，以使其动作正确，接触良好。

以上检查完毕，当确认机构部件一切正常，并在转动摩擦部分涂抹润滑油，先手动操作 3～5 次，然后接通电源，试用电动操作。

例 2-42 高压隔离开关导电回路发热的检修

（1）导电回路发热的原因

① 接触面氧化或触头处存有油污，使接触电阻增加，当电流通过触头时温度就会超过允许值，有烧红以致熔接的可能。

② 运行中由于静触指压紧弹簧长期受压缩，如果工作电流较大，温升超过允许值，就会使其弹性变差，恶性循环，最终造成烧损。

③ 隔离开关过载运行，或隔离开关的接触面不严密、触头插入不够，使电流通路的截面减小，接触电阻增加。

④ 接线座过热。由于昼夜温差大，致使空气中的水蒸气凝结或由于雨雪天水分的渗入，铝质导电杆、接线夹与铜导电带连接处产生电化学腐蚀，导致接触电阻增大发热。

⑤ 由于导电带装反，使其旋转方向与隔离开关操作转动反向；或其他部位发热造成铜导电带因过热失去弹性；或因受腐蚀性气体长期侵蚀导电带失去弹性，从而在长期操作中使铜导电带断股，导致实际通流能力下降，引发过热。

⑥ 导电带螺栓没有紧固，使接触面压力不够而发热。

（2）处理方法

① 表面氧化或者存有污垢使接触电阻增大，可用棉丝布、毛刷蘸稀料擦拭；铜表面氧化可用 00 号砂布打磨；镀银层氧化用含量 25% 的氨水浸泡，然后用清水冲洗干净，最后在接触面上涂抹凡士林。

② 触头压紧弹簧螺栓松动、弹簧变形、特性变坏的，应紧固螺栓，调整弹簧压力。损坏严重的要更换弹簧。

③ 隔离开关过载，可能是系统过电压造成，或隔离开关选型不当、额定电流偏小造成，如果选型不合适，应更换额定电流较大的隔离开关；接触面不严密、触头插入不够，可以对触头进行调整，使其接触紧密，插入深度合格。

④ 接线座发热，应拆除接线座，检查接线座内部零件，腐蚀严重的要更换。检查并紧固导电带螺栓。

例 2-43　高压隔离开关拒合故障的检修

（1）电动操作机构故障　电压等级较高的隔离刀闸均采用电动操作机构进行操作。电动操作机构的刀闸拒绝合闸时，应着重观察接触器是否动作，电动机转动与否以及传动机构动作情况等，区分故障范围，并向调度汇报。

① 若接触器不动作，属回路不通。其处理办法是：首先应核对设备编号、操作顺序是否有误，如果操作有误，则是操作回路被防误闭锁回路闭锁，应立即纠正其错误的操作；若不属于误操作，

应检查操作电源是否正常，熔丝是否熔断或接触不良，若是，则处理正常后，继续操作；若无以上问题，应检查回路中的不通点，处理正常后，继续操作。

② 若接触器已动作，问题可能是接触器卡滞或接触不良，也可能是电动机的问题。进一步检查电动机接线端子上的电压，如果其电压不正常，则证明是接触器的问题，反之是电动机的问题。

③ 若检查电动机转动，机构因机械卡滞合不上，应暂停操作。先检查接地刀闸，看是否完全拉开到位，将接地刀闸完全拉开到位后，可继续操作。无上述问题时，应检查电动机是否缺相，三相电源恢复正常后，可再次继续操作。如果不是缺相问题，则可进行手动操作，检查机械卡滞、抗劲的部位，若能排除，可继续操作。若还是无法进行解决的话，应利用倒运行方式，先恢复供电。向上级汇报，刀闸能停电时，再由检修人员处理。

（2）手动操作机构故障　首先核对设备编号及操作程序是否有误，检查断路器是否在断开位置。

① 若无上述问题，应检查接地刀闸是否完全拉开到位。将接地刀闸完全拉开到位后，可继操作。

② 无上述问题时，应检查机械卡滞、抗劲的部位。如属于机构不灵，缺少润滑油，可加注机油，多转动几次，然后合闸。

例 2-44 **高压隔离开关拒分故障的检修**

其故障判断、检查及其处理方法与刀闸拒合故障及其处理方法基本相同，只是在手动操作时，若抵抗力在刀闸主导流接触部分或无法拉开时，不许强行拉开，应经倒运行方式，将故障刀闸停电检修。

例 2-45 **高压隔离开关分合闸操作中途停止故障的检修**

高压隔离开关在电动操作中，出现中途自动停止故障，如果触头之间距离较小，会长时间拉弧放电。原因多是操作回路过早打开，回路中有接触不良之处。

处理办法：拉刀闸时，若出现中途停止，应迅速手动将刀闸拉开。合闸时，若出现中途停止，且又时间紧迫、必须操作时，应迅速手动操作，合上刀闸。如果时间允许，应迅速将刀闸拉开，待故障排除后再操作。

例 2-46 高压隔离开关合闸不到位或三相不同期故障的检修

高压隔离开关如果在操作时，不能完全合到位，接触不良，运行中会发热并危及电网和设备的安全运行。

处理办法：在出现合不到位，三相不同期时，应拉开重合，反复合几次，操作动作要符合要领，用力要适当。如果无法完全合到位，不能达到三相完全同期，应戴绝缘手套，使用绝缘棒，将刀闸的三相触头顶到位。

2.2.4 高压负荷开关的检修

高压负荷开关是一种功能介于高压断路器和高压隔离开关之间的高压电器。高压负荷开关常与高压熔断器串联配合使用，用于控制电力变压器。

高压负荷开关的结构可以认为是在隔离开关结构的基础上加了一个灭弧室。

在 10kV 供电线路中，目前较为流行的是产气式、压气式和真空式三种高压负荷开关，其特点见表 2-17。在国家标准中，高压负荷开关被分为一般型和频繁型两种。产气式和压气式属于一般型，而真空式属于频繁型。

表 2-17 三种高压负荷开关的特点

类型	结构	机械寿命/次
产气式	简单,有可见断口	2000
压气式	较复杂,有可见断口	2000
真空式	复杂,无可见断口	10000

常用高压负荷开关如图 2-22 所示。

(a) 产气式　　　　　　　(b) 压气式　　　　　　(c) 真空式

图 2-22　常用高压负荷开关

 例 2-47 **高压负荷开关熔断器熔断的检修**

熔断器熔断是负荷开关常见故障，一般来说是由于系统短路或过负荷所致，或者熔体选得过小。一般应查明原因，排除故障后更换符合要求的熔体。

 例 2-48 **高压负荷开关触头发热或烧坏的检修**

这种故障一般是由于三相触点合闸时不同步、压力调整不当、触点接触不良、过负荷运行及操动机构有问题造成的。

① 当开关在断开、闭合位置时，拐臂不能高支在缓冲器上。操纵机构手柄的角度要与主轴的旋转角度互相配合（主轴旋转角度约 105°），并使开关在断开、闭合位置时，拐臂都能高支在缓冲器上。如果达不到要求，应调整扇形板上的不同连接孔或改变拐臂长度来达到。

② 长期运行，在银触头表面产生一层黑色硫化银，使接触电阻增大。对于镀银触头，不宜用打磨法，而应用以下方法处理：

a. 拆下触头，用汽油清洗干净；

b. 用刮刀修平伤痕，然后将触头浸入 25%～28% 的氨水中浸泡，15min 取出；

c. 用尼龙刷刷去已变得非常疏松的硫化银层；

d. 用清水清洗触头，并擦干，再涂上导电膏或中性凡士林即可使用。

③ 负荷开关的刀开关与主静触头之间要有合适的开断空间距离。若超出此范围，可调节操纵机构中拉杆长度或负荷开关的橡胶缓冲器上的垫片来达到。

④ 在合闸位置时，调整刀开关的下边缘，使其与主静触头的红线标志上边缘相齐。如不能达到要求，可将刀开关与绝缘拉杆间的轴销取出，调节装在内部的六角偏心零件来达到。

⑤ 负荷开关在分闸过程中，灭弧动触头与灭弧喷嘴不应有较大的摩擦，否则应对灭弧动触头与刀开关间隙进行调节，并检查灭弧静触头的装置是否符合要求。

⑥ 在开关合闸时，开关三相灭弧触头的不同时接触偏差不应大于 2mm，否则可调节刀开关与绝缘拉杆处的六角偏心接头来达到。

例 2-49 高压负荷开关支持绝缘子损伤的检修

① 绝缘子自然老化或胶合不好，引起瓷件松动、掉簧或瓷釉脱落。应加强巡视，避免闪络和短路事故。

② 传动机构配合不良，使绝缘子受过大的应力。需重新调整传动机构。

③ 操作时用力过猛。负荷开关的拉、合闸操作要迅速，但不能用力过猛。

④ 外力造成机械损伤。负荷开关的安装和使用过程中，要防止外力损伤绝缘子。

2.3 互感器和绝缘子故障的检修

2.3.1 互感器故障的检修

互感器是电流互感器和电压互感器的统称。能将高电压变成低电压、大电流变成小电流，用于测量或保护系统。其功能主要是将高电压或大电流按比例变换成标准低电压（100V）或标准小电流

（5A 或 1A，均指额定值），以便实现测量仪表、保护设备及自动控制设备的标准化、小型化。同时互感器还可用来隔开高电压系统，以保证人身和设备的安全。

电压互感器（TV）和电流互感器（TA）是电力系统重要的电气设备，它承担着高、低压系统之间的隔离及高压量向低压量转换的职能。其接线的正确与否，对系统的保护、测量、监察等设备能否正常工作有极其重要的意义。

例 2-50　电压互感器二次中性线未引出造成故障的检修

主变 10kV 侧电压互感器装有一只 BZ-22 型电压回路断线监察继电器，该继电器的原理接线如图 2-23 所示，继电器内有一只具有 5 个绕组的中间变压器 T。由该继电器的原理可知，当电网正常运行或发生相间短路故障时，中间变压器 T 的绕组 W2、W3、W4 上只有正序和负序电压，此时 T 的磁导体内的合成磁通为零；当电网发生接地故障或电压互感器高压熔丝熔断时，电压互感器开口三角形侧出现的零序电压 $3U_0$ 将作用于 W1 上，与作用于 W2、W3、W4 上的零序电压 U_0 产生的磁通互相抵消，合成磁能仍为零，所以 W5 上没有感应电势，执行元件 KM 不动作。只有电压二次回路的一相或两相断线时，变压器 T 磁导体内的磁通不平衡，在绕组 W5 上产生的感应电势使执行元件 KM 动作。

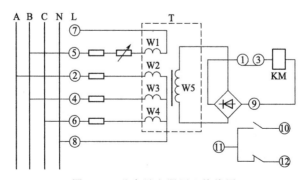

图 2-23　监察继电器原理接线图

（1）故障情况　某一天该监察继电器在运行中发出信号，值班人员开始怀疑是电压互感器三次熔丝熔断，但很快被测三相线电压平衡这一结果所否定。后来在继电器上测量 A、B、C 三相对中性点的电压（即相电压）时，发现 B 相电压为 49V，而 A、C 相的电压为 68V。从以上测得的数据发现有中性点位移现象，但测开口三角形无输出。在该继电器上将中性点的进线断开后测量 A、B、C 三相对该继电器中性点的电压平衡，而对中性点进线的电压分别为 100V、0V、100V，至此即可判断出继电器的三相线

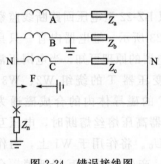

图 2-24　错误接线图

圈正常，而问题是出在中性点进线上。将电压互感器停电检查，发现电压互感器二次侧中性点只引出至火花间隙 F 而并未接到端子排（即在图 2-24 中划"×"处断开），也就是说引入继电器中性点的是一根很长的悬空线，且该线的绝缘已相当低（用 250V 绝缘电阻表已测不出对地绝缘）。将电压互感器中性点引出接至端子排后，断线信号即消失。同时还将中性线换用为绝缘较好的备用芯。

（2）故障原因分析　如图 2-24 所示，当电压互感器上中性点未接时，由三相四线制系统变为三相三线制系统。该电路等效于继电器中性点经阻抗 Z_n 接地，而电压互感器二次回路 B 相是接地的，即 Z_n 并接在继电器的 B 相阻抗 Z_b 上，使 B 相总阻抗减小，这就使中性点发生位移，导致 B 相电压降低，A、C 相电压升高。当在继电器上将中性点进线断开后，中性线完全脱离电压互感器二次回路及继电器，因继电器三相阻抗平衡，则在继电器上测量 A、B、C 三相对中性点电压时，三相电压平衡；而中性线绝缘低，近似于接地，即与二次回路 B 相等电位，所以此时 B 相对中性性线的电压将变为 0，而 A、C 相对中性线的电压分别上升为

U_{ab}、U_{cb}。显然，Z_n 越小，在继电器上引起的三相电压不平衡程度将越严重；相反，Z_n 越大三相电压将越趋于平衡。这也就是某厂长期以来没有发现电压互感器中性点未引出这一缺陷的原因。

例 2-51　电流互感器没考虑热稳定造成事故的检修

（1）故障现象　在电力系统中，有些单位为了继电保护动作准确和计量准确，在使用电流互感器（以下简称 TA）时尽量采用较小的变化。使 TA 一次侧额定电流接近线路实际电流。这种做法固然正确，但是应和其他电气设备一样考虑其热稳定性，否则将发生事故造成后果严重。高压电流互感器如图 2-25 所示。

图 2-25　高压电流互感器

某日，某变电所值班员听见接地铃响，发现母线起火，出线 10kV TA 烧坏，66kV 主变开关跳闸，全所停电，并涉及周围有关的几个变电所全停，排除该故障后，送电恢复正常。

当天下雨，并伴有雷声。TA 烧损时，值班员曾听见雨声由远而近。调查时发现，离变电所 3km 处 28 号杆有一台 10kV、100kV·A 变压器高压侧 B、C 相套管闪络，离变电所 300m 处有一台 100A 的跌落式熔断器断开，变电所 10kV 线避雷器动作（对 3 个避雷器重新作工频放电，放电电压都在合格值内；又取 B 相避雷器单独进行解剖，解剖时发现间隙有轻微放电痕迹）；配电柜 A、C 相 TA 均被烧毁。

（2）故障原因分析　根据以上调查，种种迹象似乎说明 TA 烧毁的原因是雷击。但是再仔细分析，又觉得不对。因为虽然事故发生的同时确有雷声，并且确实发现 28 号杆上变压器套管闪络，但变压器套管闪络是由于该变压器未装避雷器保护所致。而 TA 装设地点的变电所内装了避雷器（如图 2-26 所示），避雷器动作已把残压限制在 50kV 以内。解剖避雷器可以看出，避雷器本身过电流并不严重，说明没有更大的续流通过。这样，残压一定更低。因此该次雷击不足以将 TA 烧毁。

图 2-26　避雷器

此外，该 TA 刚进行过定期试验，试验时耐压 38kV。距定期试验时间不过 1 个月，所以，内部过电压引起绝缘击穿的可能性一般不存在。

那么，TA 究竟是什么原因烧坏的？从解体一台 TA 可以看出，线圈铜导线（该 TA 两线并绕，共 19 匝，导线直径为3.0mm）断线处有的发黑，有的发亮，这说明断线的原因有烧断和拉断两种；进一步查看又发现线圈缠绕时紧紧地卡在瓷套拐弯的棱角处，且有两根导线被卡变形，这说明该 TA 线圈受力过大；此外发现线圈的焊接点有几处恰在受力最大的拐角处，处于这样的位置的焊接点已断裂，这也说明线圈断裂的主要原因是受力过大。

从 TA 的铭牌标注的一次侧额定电流和 1s 热稳定允许的倍数，可以算出 TA 热稳定允许的电流 I_Y：

$$I_Y = 30 \times 75 = 2250 \text{（A）}$$

该线路在当时运行方式下的短路电流为 4000A，是热稳定电流的 1.8 倍。这说明该线路 TA 烧毁的原因是线路的短路电流值超过了热稳定允许的电流。超过热稳定倍数的电流在 TA 内产生很大的热量和电动力，使线圈绝缘损坏及匝间短路并造成断线，从而在TA 内部产生弧光，致使高温气体顺着纸筒两侧喷出，导致三相弧光短路。

（3）防止措施　从上例事故可以看出，投入运行的电流互感器（特别是变比较小，热稳定倍数不高的电流互感器）在投运前应该进行热稳定校验。

如果热稳定校验时发现原选用的 TA 不符合要求，可采取以下办法：

① 为限制短路电流，可以在线路上加装电抗器。

② 选用热稳定倍数更高的电流互感器。

◆ 例 2-52　电流互感器一次侧绕组匝间短路故障

（1）故障情况　值班员发现该站有功电能表与有功功率表对照存在较大的误差，电能表偏慢约 6%。经仪表工作人员校对，电能表与功率表误差均在允许范围内。试验人员进一步检查发现：电能表用电流互感器 C 相二次回路电流小于功率表用电流互感器 C 相二次回路的电流约 12％。初步分析，怀疑是该相电能表用电流互感器二次侧绕组有匝间短路而引起变比误差。

（2）故障原因分析　将油断路器下端 C 相电流互感器拆下进

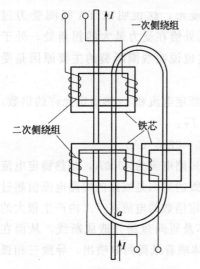

图 2-27　电流互感器内部结构图

行检查，对其二次侧绕组做了伏安特性试验，没有发现匝间短路现象；随后又作变比试验，发现该互感器二次侧的两个绕组（一个为 0.5 级，用于测量；另一个为 D 级，用于保护）的变比一致。由这两项试验可以看出，互感器二次侧绕组没有问题，故障出在一次侧绕组。该站采用的电流互感器为 LFCD-10 型，内部结构如图 2-27 所示。

拆开该互感器外壳，果然发现互感器一次侧绕组在 A 点的绝缘纸被磨穿，致使一次侧两匝绕组间有不完全短路，故电流 I 通过 a 点时有分流，使穿过铁芯中的两匝一次侧绕组的电流之和小于 $2I$，结果两个二次侧绕组中的电流也就小于 $2I/n$（n 为变比），从而引起测量误差。

（3）防止措施

① 将该互感器一次侧绕组匝间绝缘进行了更换，对两匝绕组交汇处弯曲易磨部分，用纱带牢固捆绑，其他部位绝缘也相应加强。

② 在电流互感器上进行一次线固定时，应尽量避免摇动互感器一次侧绕组外接部位，以免磨损匝间绝缘而难以发现。

例 2-53 **电流互感器内部受潮烧损爆炸的检修**

（1）事故情况 某变电所 A 相电流互感器爆炸。瓷套碎片沿四周崩出 50 余米，由于爆炸起火，将其他两台互感器及本线路断路器同时烧损。

（2）事故原因分析

① 该电流互感器系早年产品，从投运以来，介损试验一直稳定在 0.6％左右。绝缘油色谱试验，氢值为 0.075％，最后两次色谱试验，氢值分别为 0.65 和 0.65，较投运时年增加 9 倍，比标准值（0.1）增加 6 倍。化学分析油务班将色谱分析结果填写试验结果通知单（写有"氢的含量大量"没有具体结论）共 8 份，分别送给总工程师，负责检修的副总工程师、检修科、运行科、电气分场及绝缘监督。因为试验结果没有进行综合分析判断，没提出明确结论，没有采取跟踪试验措施，生产技术管理工作上职责不清、分工不明，是发生事故的主要原因。

② 事故后对互感器检查发现：呼吸器与端盖连接处内部严重锈蚀，胶垫有局部压偏现象，一次绕组端部连接螺钉上有锈迹。说明互感器绝缘烧损爆炸是由于内部受潮引起的。没有认真执行《反事故技术措施》是发生事故的重要原因。

（3）防止措施

① 对设备绝缘色谱试验要指定专人进行综合分析。试验结果要与历年试验结果对比；与同类型设备的试验结果对比，切实做好综合分析判断，做出明确结论。发现异常应缩短试验周期，坚持跟踪试验，并及时组织研究提出处理意见，限期完成。

② 对《反事故技术措施》要认真组织落实，务必逐台设备逐条逐项有针对性地一一对照检查，暂时落实不了，应制定出相应的补充措施，以防事故重演。

例 2-54 **油浸式电流互感器二次回路绝缘电阻降低的检修**

（1）故障现象 在例行检测时，发现油浸式电流互感器二次回路对大地的绝缘电阻降低至几个兆欧。

（2）故障分析　由于互感器结构单一，附件少，因此绝缘性能就成为实际使用维护检查的主要内容。测量绝缘电阻时，应分别测量设备本身和二次回路的绝缘电阻。一般来说，设备本身绝缘电阻的判断标准，会因设备结构和一次、二次回路的不同而有所差异，同时受温度、灰尘附着情况等外部环境的影响，所以仅根据其电阻的标准值来判断是不充分的。

由于互感器与二次回路的配合协调不当，或电压互感器、电容分压器的二次侧短路等，使实际发生的事故中互感器引起的问题仍不少。互感器二次回路绝缘电阻降低通常是二次侧绝缘套管不良引起的。

维修时可采用对比分析的方法进行。

① 与其他相的电流互感器相比，其他相的互感器绝缘电阻都在数十兆欧以上。

② 将被测的电流互感器的绝缘套管清扫一次，再测一次，如果绝缘电阻仍然很低，就可肯定互感器不好。

（3）故障检修　由于认为事故原因可能是二次绕组对地之间绝缘不良，或是引出绝缘套管不良，因此可对二次回路包括二次引出绝缘套管等拆开进行检查。

例 2-55　开启式电流互感器内部绝缘击穿的检修

（1）故障现象　在正常工作电压下通电时，一次绕组对二次绕组及铁芯发生绝缘击穿。

（2）故障分析

① 可以从外部检查的内容是：测定绝缘电阻、测定绕组导线电阻。

检查结果是导线电阻正常，绝缘电阻已降为几兆欧。

② 测定绝缘油的特性：由于互感器内部击穿，仅从绝缘油特性不能确切判断击穿情况。但通过对油的击穿电压、含水量的测

定，可以了解绝缘恶化的状态。

③ 解体检查：拆开后检查发现绝缘击穿是从一次绕组→绝缘→二次绕组→铁芯，构成贯穿性击穿。击穿的状态表明，这不像是因冲击电压等的瞬时击穿，而是交流电长期作用下的击穿。在外壳的底部可看到有些生锈，还有少量淤渣。

（3）故障检修　这台电流互感器已经使用十几年，经解体检查结果，确定是长期老化，只能用新品更换。

2.3.2　绝缘子故障检修

绝缘了在架空输电线路中起着两个基本作用，即支撑导线和防止电流回地。它在运行中应能承受导线垂直方向的荷重和水平方向的拉力，它还经受着日晒、雨淋、气候变化及化学物质的腐蚀。因此，绝缘子既要有良好的电气性能，又要有足够的机械强度。绝缘子的好坏对线路能否安全运行是十分重要的。

绝缘子按结构可分为支持绝缘子、悬式绝缘子、防污型绝缘子和套管绝缘子。

架空线路中所用的绝缘子，常用的有针式绝缘子、蝶式绝缘子、悬式绝缘子、瓷横担、棒式绝缘子和拉紧绝缘子等。

绝缘子的电气性故障有闪络和击穿两种。闪络发生在绝缘子表面，可见到烧伤痕迹，通常并不失掉绝缘性能；击穿发生在绝缘子的内部，通过铁帽与铁脚间瓷体放电，外表可能不见痕迹，但已失去绝缘性能，也可能因产生电弧使绝缘子完全破坏。对于击穿，应注重检查铁脚的放电痕迹和烧伤情况。

绝缘子劣化分为绝缘强度降低和机械强度降低两种，其劣化发展机理如图 2-28 所示。通常绝缘材料的老化大多是电的、机械的、热的、环境方面等各种主要因素复杂地交叉作用而引起的，因此呈现的老化现象也是多种多样的。一般来说，这些异常现象都是能在维护检查时发现的，也是为事先预防事故而应列为检查的重要项目。

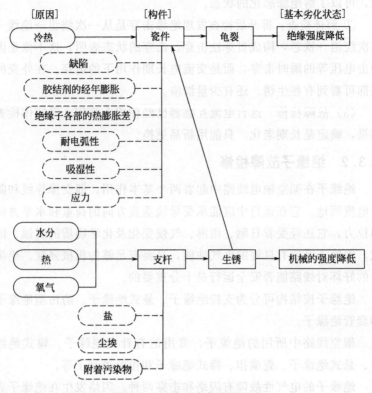

图 2-28　绝缘子劣化发展机理

例 2-56　10kV 穿墙套管被炸事故的检修

（1）事故经过　35kV 城关变电所位于该县城中心，现安装两台主变，均为 SZ7-6300/35。事故发生前，该所供电方式为♯1 主变单台供电。10kV 采用单母分段带旁母运行方式。此时，主变 10kV 侧负荷为 280A 左右（注：该主变二次额定电流为346.4A）。

一日中午 12 时 03 分，随着一声巨响，35kV 城关变电所全所失电。在事故现场，发现该所♯1 主变的 10kV 侧穿墙套管 B 相设备线夹与导线连接处融化而烧断，A 相穿墙套管被炸碎，同时 B、

C两相套管瓷瓶全部被烧平，♯1主变正常，其电源侧35kV开关均未动作，而上一级35kV开关发生速断跳闸。当值人员迅速做好记录，及时汇报调度和有关领导，仔细检查所内一、二次设备。在确认♯2主变及两侧开关和10kV设备确无异常的情况下，减去部分负荷，退出♯1主变，采取♯2主变供电方式，及时恢复了全所供电，造成全所停电时间达2h之久。

（2）故障分析　自进入夏季以来，该所负荷急剧增加，查阅该所近期运行日志来看，每天11～15时，♯1主变均处于高负荷状态，电流达280A左右，受外界环境的影响，热胀冷缩，穿墙套管与导线连接处的设备线夹松动，接触电阻变大，引起设备线夹严重发热。随着时间的积聚，穿墙套管温升不断升高，绝缘降低，其套管中的导电杆开始对墙壁上的固定底脚放电并拉弧引起三相短路而发生越级跳闸，致使三相套管严重烧坏。

从保护设备原理来讲，当主变二次侧发生短路故障时，应首先跳开前侧开关（该主变未装差动保护），却发生拒跳，而越级到上一级电源开关，继电保护人员仔细查找其二次线，发现其主变前侧开关有一根$4 \times 2.5mm^2$的无钢铠保护线在电缆沟墙外1m处被老鼠咬去近80cm的外护塑皮及内塑皮，致使4根$2.5mm^2$的铜线完全短路并与其中一根负极线短路，同时暴露出的裸铜线已完全氧化生锈使保护线失去测量作用，从而导致越级跳闸。

（3）防止对策　通过对上述事故的分析，可以认为：作为运行人员，一方面应定期加强对设备的巡视，高峰负荷时应增加巡视次数，对重点易发热氧化的部位集中巡视，把隐患消灭在萌芽状态。其次，可进一步采用如红外线温度传感器、示温蜡片等对一些发热的部分进行监测，如图2-29所示，此外对电缆沟的封堵必须加强，保证小动物不能进入电缆沟内。对控制电缆采用钢铠电缆，电缆连接处采取防腐措施，避免氧化。作为检修安装人员，更应做到应修必修，修必修好，严把检修质量关，建立严格的考评机制，确保设备安全运行。

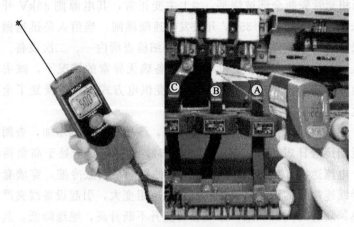

(a) 红外线温度传感器

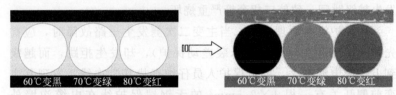

超温后，颜色发生了显著改变，三个温度分别对应三个颜色

超温后，随着温度的升高，颜色发生了显著
改变，同时显示超温数字

超温后，颜色不仅发生了显著改变，而且有数字显示

(b) 示温蜡片

图 2-29　红外线温度传感器和示温蜡片

![例 2-57] **合成绝缘子串闪络故障**

（1）事故经过　某局 35kV 线，发生雷击闪络。后经调查，故障点为三相装有合成绝缘子的 43 号杆。三相绝缘子串均有闪络烧伤痕迹。同时，C 相导线断落地面，A、B 两相导线烧损截面约占总截面的 50％。

这条线路导线型号为 LGJ-70，♯43 为直线杆，悬挂导线用的是老式的止住螺栓型悬垂线夹。经检测，此杆的接地电阻为 30Ω，土壤电阻率为 1507.2Ω·m。人工接地装置采用 4 根 30m 长 φ8mm 的圆钢。合成绝缘子型号为 XSII-70/35。这基杆原来用的是瓷质 X-4.5 绝缘子，后来更换为合成绝缘子，运行时间仅 1 年零 4 个月。合成绝缘子串如图 2-30 所示。

图 2-30　合成绝缘子串

C 相导线的断线点在悬垂线夹里面，断头有烧熔状。A、B 两相导线的烧损点也在线夹里面，导线烧损时，外包的铝带也同时烧损。

闪络后的合成绝缘子串整体完整，说明硅橡胶伞裙的耐弧性能良好，没有因工频电弧的高温作用而烧损。仔细观察伞裙的表面，仅有电弧烧蚀后的许多黑的不连续的斑块，外表显得很是脏污。上下两端头的铁附件处，有明显的电弧闪络白斑。这与一般瓷绝缘子闪络后在铁附件上留下的闪络痕迹一模一样。

（2）事故原因分析　合成绝缘子发生闪络后，引起了断线事故。但这种断线事故不是合成绝缘子的原因引起的。现场查线证明，C相导线的断线点正好在悬垂线夹里面，A、B两相导线的烧伤点也在线夹里面。这种老式的过时的悬垂线夹，因用止住螺栓固定导线，在线路运行过程中，由于振动等原因，常使止住螺栓回松，致使线夹对导线的紧固力减小，这不但使导线容易在线夹内滑动，而且使导线和线夹间的接触电阻增大。导线和线夹间，平时是没有电流流过的，金具设计时，也未考虑这个问题。但当连接此悬垂线夹的绝缘子串发生闪络故障时，工频性的电容电流或短路电流就从导线通过线夹，经绝缘子串发生闪络通道入地。由于 35kV 系统为中性点不接地系统，故发生单相接地时，流过的将是电容电流。若同时二相闪络接地，那么流过的将是相间短路电流。这两种情况，系统里均可能发生。这次故障，据调度称，发生时该线两侧变电站均有单相接地，开关未跳闸。后在试拉时，才发现这次故障仅是单相接地，故障点流过的仅是接地电容电流。这个电容电流，估计数值不会太小，因当时系统上接有 140km 的架空线路。系统发生单相接地时，开关不跳闸，让其运行了一个相当长的时间。一般来说，规程规定可允许继续运行 2h，实际在现场已超过 2h。另外，这条线路的导线截面太小，仅为 70mm² ，热容量不够，也是导致断线的一个原因。

可见，这次断线故障是悬垂线夹性能不良、故障时间太长、导线截面太小造成的，不是合成绝缘子本身的原因。这次故障，现场发现三相绝缘子串均闪络。因变电站所未发生相间故障跳闸，故说明三相闪络不是同时发生的，单相接地起码发生过 3 次。

（3）防止对策

① 发生工频闪络故障后，合成绝缘子仅是硅胶裙外表面有损

伤,整体不会烧裂、烧毁,可见硅橡胶裙的耐弧性能尚可。

② 发生闪络故障后,合成绝缘子不会像普通悬式瓷(玻璃)绝缘子那样,有时引起铁帽炸裂、导线落地的现象,这次事故证实了这一点。

③ 发生闪络故障后,合成绝缘子整体外形未破坏,仅是表面增加了一些污脏,若导线不断,一般情况下可继续运行一段时间。与普通的瓷绝缘子相比,继续运行的时间可更长些。

第3章

变压器故障诊断与检修

3.1　配电变压器故障诊断与处理

3.1.1　配电变压器异音诊断与处理

配电变压器是电力系统中重要的电气设备之一，它一旦发生事故，所需的修复时间较长，造成的影响也比较严重。一般而言，容量越大，电压等级越高，变压器故障造成的损失也就越大。因此，加强对配电变压器的监视以防事故于未然，在事故发生时尽快确定故障的性质及部位，是很有必要的。

运行中的配电变压器，由于交变磁通的作用，使变压器铁芯硅钢片振动而发出声音。正常运行时，这种声音是清晰而有规律的。但变压器负荷发生显著变动或运行状态出现异常，则声音就较平时增大，有断续杂音或有粗犷声音，统称异音。如变压器负荷发生显著变动或运行状态出现异常，则声音就较平时增大，有断续杂音或有粗犷声音，这就是异音的一种。

例 3-1　配电变压器异音的诊断与处理

运行中的配电变压器本体声音异常情况的诊断与处理措施见表 3-1。

表 3-1　配电变压器异音诊断与处理

序号	异音现象	异常原因	检查方法或部位	判断与处理措施
1	连续的高频率尖锐声	过励磁	运行电压	运行电压高于分接位置所在的分接电压
		谐波电流	谐波分析	存在超过标准允许的谐波电流
		直流电流	直流偏磁	中性点电流明显增大,存在直流分量
		系统异常	中性点电流	电网发生单相接地或电磁共振,中性点电流明显增大
2	异常增大且有明显的杂音	铁芯结构件松动	听声音来源	夹件或铁芯的压紧装置松动、硅钢片振动增大,或个别紧固件松动
		连接部位的机械振动	听声音来源	连接部位松动或不匹配
		直流电流	直流偏磁	中性点电流明显增大,存在直流分量
3	"吱吱"或"噼啪"声	接触不良及引起的放电	套管连接部位	套管与母线连接部位及压环部位接触不良
			油箱法兰连接螺栓	油箱上的螺栓松动或金属件接触不良
4	"嘶嘶"声时	套管表面或导体棱角电晕放电	红外测温,紫外测光	套管表面脏污、釉质脱落或有裂纹
				受浓雾等恶劣天气影响
5	"哺咯"的沸腾声	局部过热或充氮灭火装置氮气充入本体	温度和油位	油位、油温或局部油箱壁温度异常升高,表明变压器内部存在局部过热现象
			气体继电器内气体	分析气体成分,区分故障原因
			听声音的来源	倾听声音的来源,或用红外仪检测局部过热的部位,根据变压器的结构,判定具体部位
6	"哇哇"声	过载	负载电流	过载或冲击负载产生的间歇性杂声
			中性点电流	三相不均匀过载,中性点电流异常增大

例 3-2 变压器冷却器异音的诊断与处理

变压器运行时，绕组和铁芯中的损耗所产生的热量必须及时散逸出去，以免过热而造成绝缘损坏。对小容量变压器，可以采用自冷方式，通过辐射和自然对流即可将热量散去。大容量变压器铁芯及绕组应浸在油中，采用油浸自冷或者油浸风冷的方式进行冷却。

变压器冷却器声音异常情况的检查方法与处理措施见表 3-2。

表 3-2 冷却器异音的诊断与处理措施

序号	异音现象	异常原因	检查方法或部位	处理措施
1	油泵均匀的周期性"咯咯"金属摩擦声	电动机定子与转子间的摩擦或有杂质	①听其声音 ②测量振动	更换油泵
		叶片与外壳间的摩擦		
2	油泵的无规则非周期性金属摩擦声	轴承破裂	①听其声音 ②测量振动	更换轴承或油泵
3	油路管道内的"哄哄"声	进油处的阀门未开启或开启不足	①听其声音 ②测量振动	开启阀门
		存在负压	检查负压	消除负压

3.1.2 过热性和放电性异常的诊断与处理

例 3-3 变压器过热故障的诊断与处理

过热故障在变压器的各种故障中占有很大比重并且种类多样。所谓过热是指局部过热，又称热点，它和变压器正常运行下的发热有所区别。热点常会从低温逐步发展为高温，甚至会迅速发展为电弧性热点而造成设备损坏事故。一些裸金属热点也常会烧坏铁芯、螺栓等部件，严重时会造成设备永久性损坏。

当出现总烃超出规定值并持续增长，油中溶解气体分析提示过热，温升超标等过热异常情况时，其检查方法及处理措施见表 3-3。

表 3-3　过热性故障诊断与处理措施

序号	故障原因	检查方法或部位		判断与处理措施
1	铁芯、夹件多点接地	运行中测量铁芯接地电流		运行中若大于 300mA 时,应加装限流电阻进行限流,将接地电流控制在 100mA 以下,并适时安排停电处理
		油中溶解气体分析		通常热点温度较高,C_2H_6(乙烷)、C_2H_4(乙烯)增长较快
		绝缘电阻表及万用表测绝缘电阻		①若具有绝缘电阻较低(如几十千欧)的非金属短接特征,可在变压器带油状态下采用电容放电方法进行处理,放电电压应控制在 6~10kV 之间 ②若具有绝缘电阻接近为零(如万用表测量几千欧内)的金属性直接短接特征,必要时应吊罩(芯)检查处理,并注意区别铁芯对夹件或铁芯对油箱的绝缘降低问题
		接地点定位	万用表定位法	用 3~4 只万用表,其连接点分别在高低压侧夹件上的左右上下移动,如某两个连接点间的电阻在不断变小,表明测量点在接近接地点
			敲打法	用手锤敲打夹件,观察接地电阻的变化情况,如在敲打过程中有较大的变化,则接地点就在附近
			放电法	用试验变压器在接地极上施加不高于 6kV 的电压,如有放电声音,查找放电位置
			红外定位法	用直流电焊机在接地回路中注入一定的直流电流,然后用红外热成像仪查找过热点
2	铁芯局部短路	油中溶解气体分析		通常热点温度较高,H_2、C_2H_6、C_2H_4 增长较快。严重时会产生 C_2H_2
		过励磁试验(1.1 倍)		1.1 倍的过励磁会加剧它的过热,油色谱中特征气体组分会有明显的增长,则表明铁芯内部存在多点接地或短路缺陷现象,应进一步吊罩(芯)或进油箱检查
		低电压励磁试验		严重的局部短路可通过低于额定电压的励磁试验,以确定其危害性或位置

续表

序号	故障原因	检查方法或部位	判断与处理措施
2	铁芯局部短路	用绝缘电阻表及万用表检测短接性质及位置	①目测铁芯表面有无过热变色、片间短路现象，或用万用表逐级检查，重点检查级间和片间有无短路现象。若有片间短路，可松开夹件，每 2 只片之间用干燥绝缘纸进行隔离 ②对于分级短接的铁芯，如存在级间短路，应尽量将其断开。若短路点无法消除，可在短路级间四角均匀短接(如在短路的两级间均匀打入长 60～80mm 的不锈钢螺杆或钉)或串电阻
3	导电回路接触不良	油中溶解气体分析	①观察 C_2H_6、C_2H_4 和 CH_4 增长速度，若增长速度较快，则表明接触不良已严重，应及时检修 ②结合油色谱 CO_2 和 CO 的增量和比值进行区分是在油中还是在固体绝缘内部或附近过热，若近邻绝缘附近过热，则 CO、CO_2 增长较快
		红外测温	检查套管连接部位是否有高温过热现象
		改变分接开关位置	可改变分接开关位置，通过油色谱的跟踪，判断分接开关是否接触不良
		油中糠醛含量测试	可确定是否存在固体绝缘部位局部过热。若测定的值有明显变化，则表明固体绝缘存在局部过热，加速了绝缘老化
		直流电阻测量	若直流电阻值有明显的变化，则表明导电回路存在接触不良或缺陷
		吊罩(芯)或进油箱检查	①分接开关连接引线、触头接触面有无过热性变色和烧损情况 ②引线的连接和焊接部位的接触面有无过热性变色和烧损情况 ③检查引线是否存在断般和分流现象，防止分流产生过热 ④套管内接头的连接应无过热性变色和松动情况

续表

序号	故障原因	检查方法或部位	判断与处理措施
4	导线股间短路	油中溶解气体分析	该故障特征是低温过热,油中特征气体增长较快
		过电流试验(1.1倍)	1.1 倍的过电流会加剧它的过热,油色谱会有明显的增长
		解体检查	打开围屏,检查绕组和引线表面绝缘有无变色、过热现象
		分相低电压下的短路试验	在接近额定电流下比较短路损耗,区别故障相
5	油道堵塞	油中溶解气体分析	该故障特征是低温过热逐渐向中温至高温过热演变,且油中 CO、CO_2 含量增长较快
		油中糠醛含量测试	可确定是否存在固体绝缘部位局部过热。若测定的值有明显变化,则表明固体绝缘存在局部过热,加速了绝缘老化
		过电流试验(1.1倍)	1.1 倍的过电流会加剧它的过热,油色谱会有明显的增长,可进行油箱或吊罩(芯)检查
		净油器检查	检查净油器的滤网有无破损,硅胶有无进入器身。硅胶进入绕组内会引起油道堵塞,导致过热,如发生应及时清理
		目测	解开围屏,检查绕组和引线表面有无变色、过热现象并进行处理
		油面温度	油面温度过高,而且可能出现变压器两侧油温差较大
6	悬浮电位、接触不良	油中溶解气体分析	该故障特征是伴有少量 H_2、C_2H_2 产生和总烃稳步增长趋势
		目测	逐一检查连接端子接触是否良好,有无变色过热现象,重点检查无励磁分接开关的操作杆 U 形拨叉、磁屏蔽、电屏蔽、钢压钉等有无变色和过热现象

序号	故障原因	检查方法或部位	判断与处理措施
7	结构件或电、磁屏蔽等形成短路环	油中溶解气体分析	该故障具有高温过热特征,总烃增长较快
		绝缘电阻测试	绝缘电阻不稳定,并有较大的偏差,表明铁芯柱内的结构件或电、磁屏蔽等形成了短路环
		励磁试验	在较低的电压下励磁,励磁电流也较大
		目测	①逐一检查结构件或电、磁屏蔽等有无短路、变色过热现象 ②逐一检查结构件或电、磁屏蔽等接地是否良好
8	油泵轴承磨损或线圈损坏	油泵运行检查	①声音、振动是否正常 ②工作电流是否平衡、正常 ③温度有无明显变化 ④逐台停运油泵,观察油色谱的变化
		绕组直流电阻测试	三相直流电阻是否平衡
		绕组绝缘电阻测试	采用 500V 或 1000V 绝缘电阻表测量对地绝缘电阻应大于 1MΩ
9	有载分接开关绝缘筒渗漏	油中溶解气体分析	属高温过热,并具有高能量放电特征
		油位变化	有载分接开关储油柜中的油位异常变化,有载分接开关绝缘筒可能存在渗漏现象
		压力试验	在本体储油柜吸湿器上施加 0.035MPa 的压力,观察分接开关储油柜的油位变化情况,如发生变化,则表明已渗漏

例 3-4 放电性故障的诊断与处理

根据放电的能量密度的大小,变压器的放电故障常分为局部放电、火花放电和高能量放电三种类型。放电对绝缘有两种破坏作用:一种是由于放电质点直接轰击绝缘,使局部绝缘受到破坏并逐步扩大,使绝缘击穿;另一种是放电产生的热、臭氧、氧化氮等活性气体的化学作用,使局部绝缘受到腐蚀,介质损耗增大,最后导致热击穿。

　　油中出现放电性异常，H_2 或 C_2H_2 含量升高，其检查方法与处理措施见表 3-4。

表 3-4　放电性故障诊断与处理

序号	故障原因	检查方法或部位	判断与处理措施
1	油泵内部放电	油中溶解气体分析	①属高能量局部放电,这时产生的主要气体是 H_2 和 C_2H_2 ②若伴有局部过热特征,则是摩擦引起的高温
		油泵运行检查	油泵内部存在局部放电,可能是定子绕组的绝缘不良引起放电
		绕组绝缘电阻测试	采用 500V 或 1000V 绝缘电阻表测量对地绝缘电阻应大于 $1M\Omega$
		解体检查	①定子绕组绝缘状态,在铁芯、绕组表面上有无放电痕迹 ②轴承磨损情况,或转子和定子之间是否有金属异物引起的高温摩擦
2	悬浮杂质放电	油中含气量测试	属低能量局部放电,时有时无,这时产生主要气体是 H_2 和 CH_4
		油颗粒度测试	油颗粒度较大或较多,并含有金属成分
3	悬浮电位放电	油中溶解气体分析	具有低能量放电特征
		目测	①所有等电位的连接是否良好 ②逐一检查结构件或电磁屏蔽等有无短路、变色、过热现象
		局部放电量测试	可结合局放定位进行局部放电量测试,以查明放电部位及可能产生的原因
4	油流带电	油中溶解气体分析	油色谱特征气体增长
		油中带电度测试	测量油中带电度,如超出规定值,内部可能存在油流带电、放电现象
		泄漏电流或静电感应电压测量	开启油泵,测量中性点的静电感应电压或泄漏电流,如长时间不稳定或稳定值超出规定值,则表明可能发生了油流带电现象
5	有载分接开关绝缘筒渗漏	油中溶解气体分析	油中溶解气体分析属高能量放电,并有局部过热特征

续表

序号	故障原因	检查方法或部位	判断与处理措施
6	导电回路接触不良及其分流	油中金属微量测试	测试结果若金属铜含量较大,表明电导回路存在放电现象
		油中溶解气体分析	油中溶解气体分析属低能量火花放电,并有局部过热特征,这时伴随少量 C_2H_2 产生
7	不稳定的铁芯多点接地	油中溶解气体分析	属低能量火花放电,并有局部过热特征,这时伴随少量 H_2 和 C_2H_2 产生
		运行中测量铁芯接地电流	接地电流时大时小,可采取加限流电阻办法限制,或适时按上述办法停电处理
8	金属尖端放电	油中溶解气体分析	油色谱中特征气体增长
		油中金属微量测试	①若铁含量较高,表明铁芯或结构件放电②若铜含量较高,表明绕组或引线放电
		局部放电量测试	可结合局放定位进行局部放电量测试,以查明放电部位及可能产生的原因
		目测	重点检查铁芯和金属尖角有无放电痕迹
9	气泡放电	油中溶解气体分析	具有低能量局部放电,产生主要气体是 H_2 和 CH_4
		目测和气样分析	检查气体继电器内的气体,取气样分析,如主要是氧和氮,表明是气泡放电
		油中含气量测试	①如油中含气量过大,并有增长的趋势,应重点检查胶囊、油箱、油泵和在线油色谱装置等是否有渗漏②油中含气量接近饱和值时,环境温度或负荷变化较大后会在油中产生气泡
		残气检查	①检查各放气塞是否有剩余气体放出②在储油柜上进行抽微真空,检查其气体继电器内是否有气泡通过
10	绕组或引线绝缘击穿	油中溶解气体分析	①具有高能量电弧放电特征,主要气体是 H_2 和 $C_2H_2$②涉及固体绝缘材料,会产生 CO 和 CO_2 气体
		绝缘电阻测试	如内部存在对地树枝状的放电,绝缘电阻会有下降的可能,故检测绝缘电阻,可判断放电的程度

续表

序号	故障原因	检查方法或部位	判断与处理措施
10	绕组或引线绝缘击穿	局部放电量测试	可结合局放定位进行局部放电量测试,以查明放电部位及可能产生的原因
		油中金属微量测试	测试结果若存在金属铜含量较大,表明绕组已烧损
		目测	①观测气体继电器内的气体,并取气样进行色谱分析,这时主要气体是 H_2 和 C_2H_2 ②结合吊罩(芯)或进油箱内部,重点检查绝缘件表面和分接开关触头间有无放电痕迹,如有应查明原因,并予以更换处理
11	油箱磁屏蔽接地不良	油中溶解气体分析	以 C_2H_2 为主,且通常伴有 C_2H_4、CH_4 等
		目测	磁屏蔽松动或有放电形成的游离炭
		测量绝缘电阻	打开所有磁屏蔽接地点,对磁屏蔽进行绝缘电阻测量

3.1.3　变压器绕组异常的诊断与处理

对于新安装和故障后的变压器,一般需要进行绕组变形检测。目前,我国通常采取出厂前检验、现场安装后检验、运行期间进行常规检测和故障后的全面检测等方式。通过对相关特征量进行测量分析,从而判断绕组是否有变形、位移等异常现象发生。

变压器绕组变形后,通常会表现出各种异常现象,许多特征量如电气参数、物理尺寸、几何形状以及温度等与正常状态相比有较大差异,以此为基础形成了多种绕组变形检测方法。目前,各种绕组变形检测方法均没有通用的状态量对绕组的状态进行描述和判断,也没有通用指标去量化绕组变形程度,都是依据自己的测量理论基础,采用相应经验和判断标准而进行最后的绕组变形程度和变形位置判断。

◆ 例 3-5　**绕组异常情况的诊断与处理**

当绕组出现变形异常情况,如:电抗或阻抗变化明显、频响特性异常、绕组之间或对地电容量变化明显等情况时,其故障原因主要有如下两点：运输中受到冲击；短路电流冲击。

变压器绕组变形异常的检查方法与处理措施见表 3-5。

表 3-5　绕组变形异常的检查方法与处理措施

序号	检查方法或部位	判断与处理措施
1	低电压阻抗测试	测试结果与历史值、出厂值或铭牌值作比较，如有较大幅度的变化，表明绕组有变形的迹象
2	频响特性试验	测试结果与历史作比较，若有明显的变化，则说明绕组有变形的迹象
3	各绕组介质损耗因数和电容量测试	测试结果与历史作比较，若有明显的变化，则说明绕组有变形的迹象
4	短路损耗测试	如测试结果的杂散损耗比出厂值有明显的增长，表明绕组有变形的迹象
5	油中溶解气体色谱分析	测试结果异常，表明绕组已有烧损现象
6	绕组检查	①外观检查(包括内绕组)。检查垫块是否整齐，有无移位、跌落现象；检查压块是否移位、开裂、损坏现象；检查绝缘纸筒是否有窜动、移位的痕迹，如有表明绕组有松动或变形的现象，必须重新紧固处理并进行有关试验 ②用手锤敲打压板检查相应位置的垫块，听其声音判断垫块的紧实度 ③检查绝缘油及各部位有无炭粒、碳化的绝缘材料碎片和金属粒子，若有表明变压器已经烧毁，应更换处理 ④在适当的位置可以用内窥镜对内部绕组进行检查

3.2　变压器典型故障检修实例

3.2.1　变压器铁芯故障检修

变压器铁芯常见的故障类型有几下几种：

① 铁芯碰壳、碰夹件。安装完毕后，由于疏忽，未将油箱顶盖上运输用的稳（定位）钉翻转过来或拆除掉，导致铁芯与箱壳相碰；铁芯夹件肢板碰触铁芯柱；硅钢片翘曲触及夹件肢板；铁芯下夹件垫脚与铁轭间纸板脱落，垫脚与硅钢片相碰；温度计座套过长

与夹件或铁轭、芯柱相碰等。

② 穿芯螺栓钢座套过长与硅钢片短接。

③ 油箱内有异物，使硅钢片局部短路。如山西某变电所的一台 31500/110 型电力变压器发生铁芯多点接地，吊罩发现在夹件与铁轭间有一把木柄螺丝刀；另一变电所一台 60000/220 型电力变压器吊罩启发现有一根 120mm 长的铜丝；还有一个变电所台 120000/220 型电力变压器吊罩后在下夹件与铁轭之间找出一铁块；再如，东北某变电所的一台大型电力变压器发生铁芯多点接地，吊罩检查发现油箱底部有三段曲折型钢丝，钢丝的直径约 0.31mm，长度分别为 25mm、28mm、31mm。

④ 铁芯绝缘受潮或损伤，如底沉积油泥及水分，绝缘电阻下降，夹件绝缘、垫铁绝缘、铁盒绝缘（纸板或木块）受潮或损坏等，导致铁芯高阻多点接地。

⑤ 潜油泵轴承磨损，金属粉末进入油箱中，堆积在底部，在电磁引力作用下形成桥路，使下铁轨与垫脚或箱底接通，造成多点接地。

例 3-6 **变压器铁芯接地故障诊断与检修**

变压器的铁芯由硅钢片组成，为减小涡流，片间有一定绝缘电阻（一般仅几欧姆至几十欧姆），片间电容极大，交变电场中可视为通路，铁芯中只需一点接即可将整叠铁芯叠片电位钳制电位。当铁芯或其金属构件如有两点或两点以上（多点）接时，则接点间就会造成闭合回路，产生感生电动势，并形成环路，产生局部过热，甚至会烧毁铁芯。

常见铁芯接地故障类型及原因和检修方法见表 3-6。

表 3-6 常见铁芯接地故障类型及原因和检修方法

故障类型	故障原因	检修方法
穿芯螺杆与铁芯接触	因绝缘垫圈尺寸不符或厚度不够，以及因运输振动使绝缘垫位移，造成穿芯螺杆碰铁芯	更换合适的绝缘垫圈，并紧固可靠

续表

故障类型	故障原因	检修方法
穿芯螺杆绝缘套损伤、破裂	由于螺母松动或配合间隙不合理,在吊器身或运输时遭受机械损伤	抽出穿芯螺杆后更换新绝缘套
铁芯对地绝缘受潮(如夹件绝缘、穿芯螺杆的绝缘套、方铁绝缘等)	变压器油受潮,进入水,或油,化学分解产生微水,使绝缘材料受潮	①器身干燥处理 ②滤油或换油
铁芯底部与箱底之间发生低电阻不稳定接地	因铁芯底部垫脚绝缘受损或积存油污和水分杂质过多	①油箱底部要清理干净 ②必要时更换垫脚绝缘
铁夹件与油箱壁相碰造成多点接地	铁芯定位装置松动或铁夹件长度过长,以及器身在遭受振动时发生位移	①校正器身位置,固定好 ②过长的夹件将过长部去掉,夹件与油箱壁距离应大于 10mm
穿芯螺杆与钢座套相碰,造成铁芯多点接地	吊器身时,穿芯螺杆发生位移,挤破穿芯螺杆绝缘套,使穿芯螺杆与钢座套相碰	①更换挤破的绝缘套 ②检查穿芯螺杆位移原因,处理配合松动部位
铁芯表面积落导电异物,造成硅钢片短路	脱落的螺母、电焊渣等积落在铁芯表面上,形成硅钢片短路	①清理导电异物 ②清理局部烧损的铁芯,并涂上绝缘漆
硅钢片与铁夹件或钢座套相碰	铁轭表面的硅钢片局部变形呈波浪状突起在夹件油道垫条与铁夹件或钢座套相碰	①将突起的硅钢片打平 ②在夹件相碰处垫入绝缘板
铁夹件支柱与铁芯相碰	铁夹件与铁芯距离不当,经运输振动使铁芯或铁夹件发生位移,造成铁夹件支板与铁芯相碰的多点接地故障	在相碰处垫入 2～3 层 2mm 厚的绝缘板,并固定好

例 3-7 **接地线引起变压器铁芯片间短路故障检修**

(1) 故障现象 某台变压器在一次定期检修前取油样分析,油中总烃量 0.0750%，严重超出标准规定；第二次抽油样再分析，总烃量升高 0.0808%；十天后换新油，新油经色谱分析含烃量为 41×10^{-6}。三个月后进行定期检查，取油样分析，总烃量升高 0.0345%，说明变压器内部存在较高温度的热故障处，此次分析中气体组成以 CH_4、C_2H_4、CO_2、CO 为主，而不含 C_2H_2 气体，这说明变压器内部的过热故障为油纸过热性质，而不是放电性质。因油纸过热故障，一般是因分接开关触头接触不良、载流裸导体连接或焊接不良、铁芯两点或多点接地、铁芯片间短路、泄漏环流作用造成的。

对变压器进一步做如下检查：摇测绝缘电阻，铁芯对地为 $200M\Omega$，如图 3-1 所示；测量二次绕组直流电阻值（如图 3-2 所示），三相为：$R_{UV} = 0.00655\Omega$；$R_{VW} = 0.0066\Omega$；$R_{WU} = 0.0065\Omega$。

图 3-1 摇测铁芯的绝缘电阻

图 3-2 变压器绕组电阻测试

（2）故障原因及分析

① 由测出的铁芯对地绝缘电阻较高，二次三相直流电阻平衡，说明铁芯不存在多点接地故障。

② 测出的一、二次绕组电阻折算后同出厂值对比，基本一致，说明变压器引线焊接良好，开关触头接触良好。

③ 如图 3-3 所示，吊芯检查发现铁轭主级叠片侧面引出的铁芯接地引线（铜片）裸铜部分与铁芯第三级叠片搭接在一起，使引

线截面烧断 1/2，其缺口处黏结一个豆大小的炭黑。引线包纸的绝缘部分因过热老化发脆，查出铁芯接地引线又未夹紧。由这些情况充分证明故障的原因是接地引线过长，在运行中受振动搭接在铁芯第 3 级上，造成烧坏接地引线，缺口处炭黑黏结一起使片间短路。

图 3-3　变压器吊芯检查

（3）故障处理

① 更换新的接地引线。先松开接地引线同铁芯叠片夹紧装置，取下接地引线，用同规格的铜片，长度比烧坏的旧引线短 50mm 左右，将其一端放在铁芯第一级的叠片间，放正夹紧使引线裸铜部分不与铁芯其他各级相搭接；另一头引至箱盖与接地套管连接好，其余裸铜部分包上绝缘。

② 将第 3 级因受接地引线搭接造成片间短路的炭黑清除掉，片间绝缘受损处涂以绝缘漆烘干。

通过处理该台变压器故障，应引起注意的是，安装铁芯接地引线时，下料长度要适中，不能过长和过短，过长造成裸铜部分与铁芯搭接，形成两点或多点接地或引起片间短路；还应注意接地引线焊接处应包好绝缘，接地引线固定处要夹紧。

例 3-8　铁芯漆膜炭化引起的故障

（1）故障现象　一台 SF7-10000/63 配电变压器，投运一年多后，常规色谱化验发现，其总烃超过注意值，被迫停运检修。

（2）故障查找　根据色谱化验结果，判断故障性质为：变压器内存在高于700℃的热故障。

在初步确定了故障性质后，对变压器的该故障进行分析。首先排除电路部分存在问题的可能性，测试表明开关触头接触良好，绕组直流电阻正常，引线焊接没有问题。引线绝缘、器身绝缘没有炭化现象。之后，在铁芯叠片上也未发现任何烧焦炭化现象，即在主磁通磁路系统中没有异常。最后，发现铁芯拉板与夹件、夹件与垫脚、垫脚与箱底及夹件四角定位螺钉与箱底螺母间有部分炭化迹象，垫脚与下节油箱底炭化较明显。

（3）故障分析　在变压器运行中铁芯总是有一定电位的，这台变压器没设接地套管，铁芯中电荷是经过接地片到上夹件，上夹件到拉板，拉板到下夹件，下夹件到定位螺栓及垫脚，定位螺栓及垫脚到箱底、箱底到系统地线这一通路释放的。由于油中金属件均涂漆，使铁芯中电荷释放通路电阻较大，铁芯中电荷累积电位升高，造成通路中间断放电。放电使漆膜及变压器油炭化，油中放电的局部温度必然大于700℃。

鉴于上述分析，将铁芯装配中接地通路的有关金属件的漆膜局部磨掉，以降低通路电阻。总装后，空载送电5h，重做试验及色谱化验，结论合格。

例 3-9　**变压器铁芯与铁轭短路故障**

（1）故障现象　某变压器运行中进行气相色谱分析时，发现有异常情况。从连续几天的数据看，总烃均大于注意值150ppm❶，其增长速度很快，而且以CH_4和C_2H_4为主导型成分，因此可判断为过热故障。

（2）绝缘测试　通过测试发现铁芯有接地现象，其对地绝缘电阻只有2Ω。初步判断故障发生在铁芯部分，因此需要进行通电检查，以确定故障点。

---

❶　$1ppm=10^{-6}$。

（3）故障查找与分析

① 直流法。如图 3-4 所示，将 12～24V 直流电压加在铁芯上，使各点产生电压降，用一个检流计沿铁芯的各个位置查找故障点。测试棒沿铁芯移动，观察表计正负值大小变化，表针指示值为零时，即为故障点所在位置。越过故障点继续往前测试时，仪表指示数为负值。利用这个方法虽然找到了故障区，但未找到故障点的确切位置。

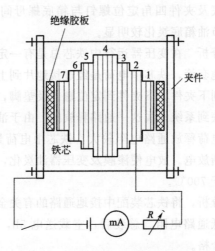

图 3-4　直流压降法查找铁芯故障点

② 交流电弧法。为了寻找故障的确切位置，采用通入交流电的办法，使之在故障点处产生电弧，其接线如图 3-5 所示。测试中施加的交流电压数值为 20～30V，铁芯对铁轭的电阻为 2Ω，电流为 10～15A，可以产生较强的电弧。当将交流电压加在铁轭和铁芯上后，即发现放电点，有明显的电弧火花，并有放电声音和白色的烟。经两次通电检查后，查出故障点的确切位置在 220kV 侧上角，C 相外侧铁芯侧柱上部，铁芯与铁轭之间的一块绝缘木板顶部中间。

故障点之所以在铁芯与铁轭中间空隙处的一个油道内，估计变

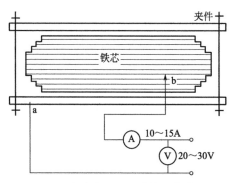

图 3 5　交流电弧法查找铁芯故障点

压器运行时油中有一导电异物从铁芯顶部经油道间隙掉到此处，使铁芯与铁轭短路，烧坏胶木绝缘板，形成接地，产生局部放电和过热。

经修理后，铁芯与铁轭之间的绝缘电阻由原来的 2Ω 上升到 140Ω，恢复正常。

3.2.2　变压器绕组故障检修

例 3-10　**变压器过热，三相绕组直流电阻不平衡的检修**

某 SJ6-320kV·A 变压器运行时出现外壳过热、油温升高现象，将变压器停运，测量一、二次绕组的电阻值，没有不接地现象，但一次绕组直流电阻不平衡。吊芯检查绕组整体绝缘老化变脆，发现 B 相绕组变焦，该相直流电阻最小，说明该相一次绕组匝间短路严重。

变压器运行时出现外壳过热的主要原因如下。

① 绕组材料本身的质量差。

② 分接开关动静触头接触不良。

③ 绕组漏磁。

④ 冷却装置风路堵塞。

⑤ 散热风扇工作异常。

⑥ 变压器内部有异物。

⑦ 铁芯层间短路。

⑧ 硅胶进入油箱。

针对该故障可采用以下对策进行检修：

① 该变压器一次绕组为圆筒式结构，只能对一次绕组进行重绕修理。

② 变压器油真空过滤，检验合格可再次使用。

③ 二次绕组经预热浸漆和烘干处理。

④ 重新组装，投入使用。

例 3-11 **变压器低压绕组匝间短路的检修**

某变压器先后 4 次发生轻瓦斯信号，变压器过热，先采取减少变压器负载运行和严密监视，停运后进行全面检查。

为了查明故障原因，进行了下列检测。

① 对变压器油进行色谱分析，总烃量明显超标，说明变压器有严重局部过热故障。

② 分别对高低压绕组及调压分接开关进行直流电阻测量，测量结果高压绕组三相直流电阻平衡；调压分接开关接触良好；低压三相直流电阻互差 1.5%，虽未超标准，但比投运前测量 1% 增大了 0.5%。

③ 通过检查分析，认为故障一般在电路方面，不在磁路系统。初步估计，二次绕组可能有问题。

④ 通过吊芯检查，高压绕组完好，发现低压绕组并列导线股间有烧损现象，即铜导线黏结，绝缘碳化，个别导线烧断，查出的故障为低压绕组并列导线股间短路。

⑤ 检测发现短路处后，采用加包绝缘的方法，即可消除短路点。

例 3-12 **S7-1250kV·A 变压器相间短路的检修**

某 S7-1250kV·A 变压器定期吊芯检查后运行不久，出现过热，开关跳闸，测绕组对地绝缘电阻较高，用绝缘电阻表测 AB 相有阻值，测 BC 相指针转向零，说明 BC 相出现相间短路。

　　引起变压器绕组相间短路一般是在检修中修理人员操作不当造成的。在拆、装变压器过程中，紧固或松动引线螺母时，因螺栓跟着转动，使焊在螺栓下端、弯成弓形的软铜连接片也跟着转，两相软铜连接当时靠的很近，但修理人员未发现，运行中螺母松动后由于受电动力作用，两相软连接又移动相碰。

　　吊芯检查，发现 B、C 两相一次绕组引线连接的弯成弓状的软铜连接片相碰在一起，构成相间短路。

　　拧松螺母，调正软铜连接片，再拧紧螺母，拧时注意不让螺栓转动，使三相软连接距离相等和对称，从而排除了故障。

例 3-13　30kV·A 三相干式变压器绕组过热的检修

　　某 30kV·A 干式变压器运行中，绕组温度很高，测绝缘电阻，三相均大于 100MΩ；测三相绕组直流电阻，一次侧三相不平衡。

　　在变压器运行中，如果遇到短路、过载、环境温度过高或冷却通风不够等情况时，就会使变压器过热。对于干式变压器，其热平衡性能差，绕组温度超过绝缘耐受温度使绝缘破坏，是导致变压器不能正常工作的主要原因。

　　解体明显看出，B 相一次绕组导线变色，有煳味。一次绕组用 4 根漆包圆铜线绕制，从现象上断定为股线短路和匝间短路所致。分析为漆包线质量不佳、绕制不当。

　　选用 QZ-2 型高强度漆包圆线，采用木模机绕，拉力适中，绕后浸烘 2 次，最后用环氧树脂封涂。

　　为了及时监控温度平衡，建议采用以下的对策：

　　① 加强变压器油位变化的观测，发现缺油或油枕储油量过低时应及时补充。

　　② 密切观察变压器吸湿器工作情况，一旦发现受潮变色应及时更换。

　　③ 定期测量变压器负荷情况，尽量不使变压器过负荷运行，必要时应更换容量合适的变压器，并针对三相负荷平衡情况及时调

整负荷，确保平衡率处于合格位置。

④ 规范变压器的巡视、测温检查，发现温度变化异常时提前采取措施，避免情况进一步恶化。

⑤ 定期进行变压器预防性试验，确保各项运行指标正常。

⑥ 加强外部运行条件的检查，及时排除各种影响变压器安全运行的影响。

例 3-14 75kV·A 铝线干式变压器断路的检修

该干式变压器一次绕组为多根圆铝线，绕组出线头与铜接头焊在一起。此次采用铝-铜软钎焊修复断线。

将绕组引线头用钢丝刷往返擦至发毛，用喷灯加热铝线引出头的表面，将钎剂熔化至冒白烟后，立即涂在加热的铝引线上，使其表面形成一层钎料，将涂好钎料的铝引线插入铜接头内，再用喷灯加热，接着用钎料向铝引线上涂抹，直至钢接头内焊满钎料为止。

例 3-15 SJ6-320kV·A 变压器过热，绕组直流电阻不平衡

该变压器运行时出现外壳过热、油温升高，停运测一、二次绕组，不接地，但一次绕组直流电阻不平衡，吊芯检查绕组整体绝缘老化变脆。发现 B 相绕组已烧焦，该相直流电阻最小，该相一次绕组匝间短路严重。

一次绕组重绕修理，变压器油真空过滤，二次绕组经预热浸漆和烘干处理。该一次绕组为圆筒式，详细绕制资料见有关变压器手册。

例 3-16 30kV·A 三相干式变压器绕组过热的检修

该干式变压器运行中，绕组温度很高，测绝缘电阻，三相均大于 100MΩ；测三相绕组直流电阻，一次侧三相不平衡。解体明显看出，B 相一次绕组导线变色，有煳味。一次绕组用 4 根漆包圆铜线绕制，从现象上断定为股线短路和匝间短路所致。分析为漆包线质量不佳、绕制不当。

选用 QZ-2 型高强度漆包圆线，采用木模机绕，拉力适中，绕后浸烘 2 次，最后用环氧树脂封涂。

例 3-17 **800kV·A 整流变压器绕组股间短路的检修**

一台 800kV·A 整流变压器，一次绕组三相直流电阻不平衡，A 相小于 B、C 两相，但绕组外表无变色，其绕组由 5 根双玻扁铜线绕制，分析为股间短路，采用股间短路探测器找到具体短路位置。解决因肉眼找不到故障点而需拆开整个绕组的麻烦。

用如图 3-6 所示探测器，先接通高斯计电源，将旋钮调到(10～20)GS 量程内，用绝缘电阻表测出被试绕组的两根短路导线，再把变压器二次绕组引出端头 A1、A2 分别接在短路的两导线上；将高斯计探头从间隙中伸进线饼中，逐段探测，当指针指示为零时，说明指示为零的前一段存在股间短路，再沿初定为短路点的线饼周围探测，当指针指示再为零时，则靠近此间隔的前一个撑条间隔中存在短路，找到股间短路具体位置，按正常包扎方法可排除故障。

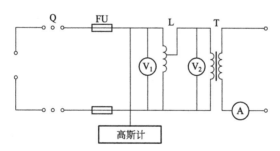

图 3-6　变压器绕组股间短路探测器接线原理图

例 3-18 **2000kV·A 变压器几次出现气体继电器动作的检修**

该 SF7-2000/10 型变压器运行中出现 4 次气体继电器动作，决定取油样化验，化验结果，总烃量明显超标，说明变压器过热；对一、二次绕组测直流电阻，一次绕组三相阻值平衡，二次绕组三相阻值互差 1.5%，虽未超标，但比三天前测量互差 1%

增加 0.5%，说明二次绕组可能有故障。吊芯检查，发现二次绕组并列导线股间有烧损，出现铜线粘连一体，绝缘碳化形成股间短路。

拆下上铁轭，取出 B 相二次绕组，剪去烧坏的一段，用一段同规格的导线 2 根，分别用银焊焊牢两根股线，包好绝缘带。经局部刷漆和烘干，组装投入运行，一切正常。

例 3-19　SJL1-2500 型变压器二次绕组直流电阻不合格的检修

该变压器运行中油温很高，外壳烫手，有异声。随即拉闸，测一、二次绕组直流电阻，一次侧平衡，二次侧绕组阻值不平衡。吊芯检查发现 C 相二次绕组内径和外径侧首、末根导线换位处与相邻线匝交接处发生异匝间绝缘损坏而短路。

将短路处两匝损坏的绝缘剥去，用 0.1mm×25mm 无碱玻璃丝带 1/2 叠包 2 层，外层再用 0.05mm×25mm 亚胺黏带 1/2 叠包 1 层粘牢，这样起到加强绝缘的作用。

例 3-20　220kV 主变压器烧损的检修

某 220kV 变电站 1 号主变压器经过大修，于 12：35 投入运行。21：20 主变差动、瓦斯保护动作，一、二次开关跳闸，主变本体压力释放阀喷油。因该变电站仅有 1 台主变压器，因而造成主变二次 66kV 系统全停，影响 37 座 66kV 变电站停电，损失负荷 10000kW·h。

（1）事故原因分析　该变压器型号为 SFPZ7-120000/220，投运后一直没有大修。事故后，立即对变压器进行了试验，通过高压绝缘试验以及油气样试验的数据分析，判定为变压器二次 A 相内部故障。经现场吊罩检查发现油箱内部存在较多的游离水，在油箱底部 A 相分接开关下有积水。二次绕组直流电阻异常。对该变压器进行了二次线圈分解检查，发现二次 A 相线圈铁芯侧下数第 29 饼导线换位处垫块根部发生匝间短路。强大的短路电流使邻近的导线受到不同程度的机械损伤和绝缘破坏，其中短路匝的线饼最为严重，呈向铁芯的收缩式变形。

① 该变压器的二次线圈为螺旋式，12根导线并绕，每线饼两匝。线圈采用"4-3-4"换位，工艺上通常将导线折成S形，导线被折弯后，匝绝缘强度有所降低，成为"绝缘弱点"。导线圆角与垫块形成"油楔"，油楔处电场强度比较集中，是正常匝电势的2倍左右。当变压器中的游离水转变成悬浮水进入绝缘通道，并被吸附在场强集中的地方（场强集中的区域对极性物质具有吸引力），在被吸附的悬浮水达到一定量时即发生击穿放电。在该变压器的线圈下部绝缘压板中，设有定向导油孔，指向二次线圈。在强迫油循环冷却状态下，游离水极易形成悬浮水而首先冲向二次线圈。变压器中游离水的存在是导致变压器内部故障的直接原因。

② 该变压器大修之前一直运行良好，试验数据基本正常，大修吊罩检查也没有发现游离水。说明游离水是大修过程中进入变压器的。大修后，虽然变压器的整体绝缘水平有了较大的提高，但是经过近10年的运行，匝间绝缘水平有所降低，而在大修中没有分解一、二次线圈，局部绝缘水平并没有得到改善。大修工作结束后变压器投入运行，在强迫油箱循环冷却状态下，变压器中存在的游离水进入二次线圈，是导致主变压器在大修结束，投运仅8h就烧损的主要原因。

③ 经调查分析，变压器中进水只有3种情况，一是真空泵（水环式）的工作水，二是真空滤油机的冷却水，三是变压器外壳的水冲洗。

事故后，对真空泵、真空滤油机进行了试验，未发现有回水现象，对真空滤油机冷却水容器密封情况进行了加压检查，未发现泄漏。变压器外壳水冲洗是在变压器真空注油后，本体密封经检查处于良好的状态下进行的。所以只有一种可能，就是对变压器进行真空注油过程中造成变压器进水。

按照厂家说明书介绍，该真空泵开机应严格按照"一级泵（水环泵，型号为：ZSK-P1）→二级泵（罗茨泵，型号为：ZJ.P）→三级泵（罗茨泵，型号为：ZJ.P）"的顺序进行，停机应按照相反的顺序进行，并应在抽空管路上加装逆止阀和控制阀，避免真空泵突然停机时，水分带入抽空容器中。经查，在变压器大修过程中，进行抽真空工作时没有按照厂家规定程序操作，没有按规定在抽真空管路上加装逆止阀和控制阀，在关键环节上出现了错误。所以，可以断定变压器进水是在真空注油过程中从真空泵进入的。

（2）暴露出的问题

① 检修人员工作责任心不强，工作随意，业务素质偏低。工作人员没有完全掌握检修工艺要求，没有严格执行检修工艺和规章制度，没有按照正常的操作程序使用真空泵，造成变压器在真空注油过程中进水。工程技术人员及管理人员，管理不到位，没有对主变大修过程进行全方位的监督管理。

② 由于游离水相对静止地存在于箱体底部，按现行的预防性试验规程规定的方法，均无法查出变压器本体存在游离水的严重缺陷，致使变压器投入运行后二次线圈烧损。

（3）防范措施

① 提高检修人员的工作责任心，加强对施工安全组织技术措施计划的管理，严格实行标准化检修作业，严格执行检修工艺和规章制度。加强对职工的思想教育，增强作业人员的责任心，在工作中及时发现问题，及时提出改正建议。管理人员要下现场做全方位的监督和检查，尤其要对一些关键细小的环节加强监督，及时发现问题及时提出改正意见。

② 熟悉和掌握工器具的工作原理和使用方法，特别是对新型的工器具，更应认真学习和研究其工作原理和使用方法，并严格按照说明书规定的方法和程序进行操作使用。对变压器大修时所使用的滤油机、真空泵等设备，在使用前必须做好检查与试验。

③ 变压器大修结束后，在有条件的情况下，应尽可能采用空气冷却方式的真空泵对变压器进行抽真空。

④ 由于游离水相对静止地存在于箱体底部，在变压器大修后，做试验前应启动潜油泵，加速气泡的排出和油的循环，以便及时发现变压器内部，特别是绝缘油中可能存在的缺陷和问题。

3.2.3　变压器分接开关故障检修

　　变压器调压分无励磁调压和有载调压两种方式。无励磁调压要断电调,但结构简单,成本低,用于对电压要求不是太高,不需要经常调的场合;有载调压可以带负载调,结构复杂,成本高,用于对电压要求高,需频繁操作的场合。

　　对于大部分用电场合,电压不需要经常调整,电压调整的幅度也不需要很大,即使偶尔需要调整也可以短时间停电,这样就没必要使用有载调压。因为带有有载调压开关的变压器不但价格昂贵,而且维护麻烦,还容易发生事故。

　　无励磁分接开关是开关的一种,适用于额定电压 10kV,额定电流 63A 或 125A 以下三相油浸变压器,在无励磁条件下,通过改变变压器一次线圈匝数以达到调整二次电压的目的。

　　分接开关故障的类型及原因见表 3-7。

表 3-7　分接开关故障类型及原因

故障类型	故障原因
分接开关接触不良	①触头严重损坏,应按原样更换触头 ②触头压力不平衡,有些分接开关的触头弹簧是可调的,应适当调节弹簧,使触头压力保持平衡 ③分接开关使用较久,触头表面产生氧化膜和污垢。若氧化膜很薄,污垢不多,操作触头动作多次即可消除,否则要用汽油擦洗。有时绝缘油的分解物沉积在触头呈光泽薄膜,表面上看起来很洁净,实际上是一绝缘层,造成接触不良,应用丙酮擦洗消除 ④滚轮压力不均,使有效接触面积减小,应调整滚轮,保证接触良好 ⑤弹簧压力不足,失去弹性,应更换弹簧
无载分接开关放电故障	①分接开关触头弹簧压力不足,滚轮压力不均,使有效接触面积减少;镀银层机械强度不够而严重磨损,引起分接开关在运行中烧坏 ②分接开关接触不良,引线连接与焊接不良,经受不起短路电流冲击而造成分接开关故障 ③倒换分接头时,由于接头位置切换错误,引起分接开关损坏 ④由于三相引线间距离不够或绝缘材料的电气强度低,在发生过电压时,使绝缘击穿,将会造成分接开关相间短路

续表

故障类型	故障原因
分接开关触头表面熔化或灼伤	①装配结构有缺陷。分接头接触不良使局部过热,应测量分接头的直流电阻,更换质量好的分接开关 ②分接开关经受不起短路电流的冲击,应用绝缘电阻表检查接点是否断开 ③分接开关弹簧压力(滚轮压力)不够,应吊出器身进行外观检查,更换弹簧 ④触头镀银层机械强度不够,使用中造成严重磨损,应取油样化验,其闪点下降,更换触头
相间触头放电或分接头间放电	①三相引线间距离不够或绝缘材料的电气性能低,在过电压情况下造成击穿或分接头相间短路,应更换分接开关 ②分接头之间有油泥、灰尘或受潮影响,造成相间短路或表面闪络现象,应取油样进行色谱分析或简化试验

例 3-21 **无载分接开关乱挡故障检修**

(1) **故障现状** 某 31.5MV·A、110kV 主变压器(SFS-31500/110)35kV 侧无励磁分接开关,型号为 WDGⅡ1000/110-6×5。该主变压器在吊罩前曾测试直流电阻和电压比,均正常无误。在吊罩结束及主变压器总装完毕进行试验时,发现 35kV 侧 A 相直流电阻和电压比均出现莫名其妙的混乱现象,其测试数据见表 3-8 和表 3-9。

表 3-8 吊罩前后 A 相直流电阻   单位:Ω

分接指示位置		I	II	III	IV	V
35kV A 相	吊罩前	0.07831	0.07631	0.07435	0.07250	0.0706
	吊罩后	0.07435	0.07831	0.0760	0.07435	0.07251

表 3-9 吊罩前后电压比

分接指示位置		I	II	III	IV	V
35kV A 相	吊罩前	2.23	2.172	2.124	2.077	2.02
	吊罩后	2.124	2.23	2.172	2.124	2.077

注:吊罩后电压比排列顺序为:Ⅱ>Ⅲ>(Ⅰ=Ⅳ)Ⅴ。

（2）故障原因分析　通过对表 3-8 和表 3-9 中数据的分析发现，无论是直流电阻还是电压比，吊罩中的混乱值与吊罩前的正常值都遵循着一个共同规律，即吊罩前的Ⅰ挡变为吊罩后的Ⅱ挡，依次类推，原Ⅱ挡成为Ⅲ挡，原Ⅲ挡成为Ⅳ挡，原Ⅳ挡成为Ⅴ挡，原Ⅴ挡成空挡，而新Ⅰ挡和新Ⅳ挡值相等。分析认为，吊罩前试验数据正常，而经吊罩后出现混乱错位，说明绕组与分接开关连接是无误的，只能是主变压器罩子吊离器身后，分工检查分接开关触头的人员在转动开关动触头后，未能将其恢复到转动轴前的原始位置所致。

按一般惯例，分接升关各定触头与绕组各调压抽头的连接如图 3-7 所示，各挡位绕组连接方式列于表 3-10。

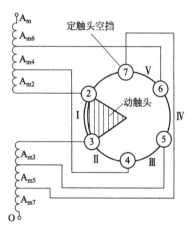

图 3-7　分接开关与绕组连接图

表 3-10　各挡位绕组连接方式

分接挡位	绕组连接方式
Ⅰ	A_{m2}，A_{m3}
Ⅱ	A_{m3}，A_{m4}
Ⅲ	A_{m4}，A_{m5}
Ⅳ	A_{m5}，A_{m6}
Ⅴ	A_{m6}，A_{m7}

从图 3-7 可清楚地看出，当分接开关处于 I 挡位置时，定触头 2、3 接通，参与工作的绕组除 $A_m - A_{m6}$，$A_{m7} - O$ 两个公共绕组外，共有 $A_{m2} - A_{m4}$，$A_{m4} - A_{m6}$，$A_{m3} - A_{m5}$，$A_m - A_{m7}$ 四个相同匝数的调压绕组。依次类推，分接开关各挡下参与工作的调压绕组个数、开关定触头接通情况及各挡位直流电阻、电压比大小顺序排列比较见表 3-11。

表 3-11　各挡位直流电阻、电压比大小顺序比较

分接挡位	I	II	III	IV	V	空挡	直流电阻或电压比大小顺序比较
接通的触头	2—3	3—4	4—5	5—6	6—7	7—2	I > II > III > IV > V
参与工作的调压抽头个数	4	3	2	1	0	2	

根据无励磁分接开关上部固定法兰盘的构造和图 3-7 接线情况，在正常情况下，由于开关法兰盘止钉的作用，无论分接挡位指示调到何种挡位，定触头 2 和 7 都是不会被接通。无论在何挡位，调压抽头 2 和 7 都处于潜伏状态，并不会被动触头同时连通而参与工作。

由于本不该参与工作的定触头 2 和 7，在某种情况下误被动触头同时接通，且在每个挡位下均参与了调压工作，从而导致上部各分接位置指示时，直流电阻和电压比发生错乱。通过分析，可以看出，由于开关法兰盘上止钉的限位作用，当乱挡现象发生时，虽然分接开关内部实际位置与外部指示位置已不相符合，但最多也只会有 5 种混乱现象出现。

① 假定在某种情况下（如前述以 35kV，A 相为例），动触头将 2 和 7 连通后，开关上部位置指示为 I 挡，此时，各挡位参与工作的调压绕组个数及定触头在各位置指示下的连通情况及混乱情况下电压比排列顺序见表 3-12。

② 根据实测与理论分析，可得出分接开关内部 5 种错乱情况的规律表，见表 3-13。

表 3-12 错乱时开关定触头连通情况及电压比排列顺序

开关位置指示	参与工作的调压绕组数	开关定触头连通情况	电压比大小值排列顺序比较
I	2	7—2	
II	4	2—3	
III	3	3—4	II＞III＞（I＝IV）＞V
IV	2	4—5	
V	1	5—6	

表 3-13 开关内部错乱 5 种情况规律对照表

分接挡位外部指示		I	II	III	IV	V	潜伏调压抽头	电压比值大小排列顺序比较
原空挡为I挡	开关内部定触头连接	7—2	2—3	3—4	4—5	5—6	6、7	II＞III＞（I＝IV）＞V
	参与工作的调压抽头个数	2	4	3	2	1		
原空挡为II挡	开关内部定触头连接	6—7	7—2	2—3	3—4	4—5	5、6	III＞IV＞（II＝V）＞V
	参与工作的调压抽头个数	0	2	4	3	2		
原空挡为III挡	开关内部定触头连接	5—6	6—7	7—2	2—3	3—4	4、5	IV＞（V＝III）＞I＞II
	参与工作的调压抽头个数	1	0	2	4	3		
原空挡为IV挡	开关内部定触头连接	4—5	5—6	6—7	7—2	2—3	3、4	V＞（I＝IV）＞II＞III
	参与工作的调压抽头个数	2	1	0	2	4		
原空挡为V挡	开关内部定触头连接	3—4	4—5	5—6	6—7	7—2	2、3	I＞（II＝V）＞III＞IV
	参与工作的调压抽头个数	3	2	1	0	2		

（3）故障处理　由于主变压器常用的是 WDG-6×5 型分接开关，连杆上端所固定的挡位指示装置的结构如图 3-8 所示。

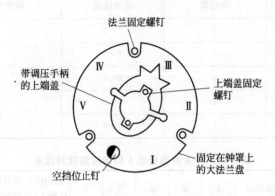

图 3-8　分接开关挡位指示装置结构图

通常情况下，只要逆时针方向操动调压手柄，即可将开关依次调至 Ⅰ、Ⅱ、Ⅲ、Ⅳ、Ⅴ挡位。当从Ⅴ挡逆时针或从Ⅰ挡顺时针调整时，均会被空挡位止钉挡住而不能继续调整。

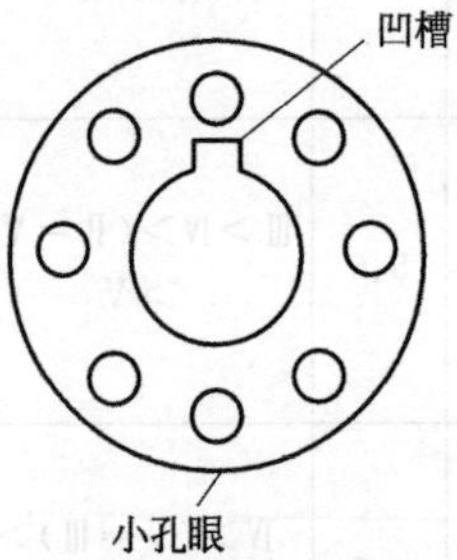

如果去掉带调压手柄的上端盖上面的两只固定螺钉，即可将上端盖从分接开关转动轴上取下。可以看到，开关转动轴上端有一凸键，而上端盖内有一内圆带凹槽的圆形小法兰片。小法兰片上均匀分布着 8 个小孔，如图 3-9 所示。

图 3-9　带凹槽和小孔的小法兰盘

通过表 3-13 判断出空挡误为Ⅰ挡时（此时真正的Ⅴ挡 6、7 调压抽头在潜伏状态），首先去掉带手柄的上端盖上面的两只固定螺钉，拿下端盖，将带有凹键的调压传动轴逆时针转动 60°，当听到清脆的响声后，说明Ⅰ挡定触头 2 与 3 接通。此时，可将带调压手柄上端盖上面的挡位指示箭头对准大法兰盘上的Ⅰ挡位置，这时，开关传动轴上的凸键如果不能和带孔小法兰盘上凹槽位置相吻合，可通过调整小孔的距离，直至凸键能嵌入凹槽为止。然后紧固图

3-9 中的两只上端盖固定螺钉即可。

　　根据对空挡误为Ⅰ挡故障情况的分析及处理方法，可举一反三，将由于原空挡参与工作所造成的分接开关 5 种乱挡故障的处理办法见表 3-14。

表 3-14　5 种乱挡故障处理办法

序号	电压比排列顺序(故障表现)	故障判断分类	开关传动轴逆时针旋转角度/(°)
1	Ⅱ＞Ⅲ＞(Ⅰ＝Ⅳ)＞Ⅴ	原空挡为Ⅰ	60
2	Ⅲ＞Ⅳ＞(Ⅱ＝Ⅴ)＞Ⅴ	原空挡为Ⅱ	120
3	Ⅳ＞(Ⅴ－Ⅲ)＞Ⅰ＞Ⅱ	原空挡为Ⅲ	180
4	Ⅴ＞(Ⅰ＝Ⅳ)＞Ⅱ＞Ⅲ	原空挡为Ⅳ	240
5	Ⅰ＞(Ⅱ＝Ⅴ)＞Ⅲ＞Ⅳ	原空挡为Ⅴ	300

　　通过该例的判断与处理，在检查分接开关触头情况时，应记准触头的原始位置。转动后，应使之恢复，如图 3-10 所示。合罩前，应仔细检查无误，且保持三相处于同一位置。

图 3-10　调节分接开关

　　发现乱挡，在查找确定乱挡故障时，优先采用电压比法，它比直流电阻法快捷、准确。同时，在现场处理分接开关乱挡故障后，一定要再次测量电压比或直流电阻，其值应和原始正确值一致。

例 3-22　分接开关操作不正确引起故障的检修

（1）故障现象　某配电变压器，欲将其无励磁分接开关由 Ⅱ 段变换到 Ⅲ 段，但当操作人员听到明显的"咔"声，就以为已到位（忽略了定位销的插入才算到位）。测直流电阻分别为：AB 相 1.78Ω，BC 相 1.78Ω，AC 相 1.77Ω，三相平衡误差是 0.5%，小于国家标准规定的 2%，认为没有问题。但空载送电后，变压器发出沉重的声音，很快其二次侧 C 相套管喷油，于是立即切除电源。

（2）分析与检修　事故发生后吊芯检查：B 相调压绕组崩断。原来是调整不到位，如图 3-11 所示。

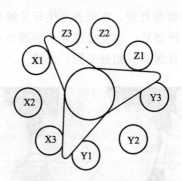

图 3-11　分接开关位置图

分接开关的动触头搭在 X3 与 Y1 之间、Y3 与 Z1 之间、Z3 与 X1 之间，在分接开关两定触头之间有稍高于定触头的绝缘物。制造中由于 X3 与 Y1 之间绝缘未能将动触头撑起，使 X3 与 Y1 定触头通过动触头搭接在一起；而在 Z1、Y3 和 X1、Z3 之间动触头只分别与 Y3、Z3 接触，且因未到位，接触得都不好，有烧伤痕迹。这样就形成了 X3－Y1－Y3 的回路，将 B 相调压绕组 Y1、Y3 之间短路。

经计算 Y1、Y3 之间的电压达 588V，崩断点在 Y2 与 Y1 之间。Y3 与 Y2 之间的绕组只是崩散了，而未崩断，所以 Ⅱ 段的直流电阻仍能测出来。

对于操作电工，从这次事故中应吸取如下教训：

① 变换分接段操作时一定要认真，熟悉设备，熟悉说明书。

② 直流电阻合格不完全意味着变换到位。

③ 分接开关制造厂应保证动触头在任何位置不能同时搭在相邻的两定触头上，一是增大定触头之间的距离，二是提高两定触头之间绝缘物的高度。

例 3-23 **维护不及时引起分接开关故障的检修**

(1) 故障现象　某 35kV 变电所安装 2 台 3150kV·A 的主变。某日主变并列运行时，发现主变的有功功率相同，但 #1 主变的无功功率比 #2 低了约一半，将 2 台主变单独运行时表计又正常。检查 #1 主变的计量回路正常，因而怀疑无功功率表有问题，就没做进一步的检查。后来，负荷下降，#1 主变就停运了。负荷增大后，2 台主变又并列运行，还是出现同样的问题，并且运行人员发现 #2 主变的上层油温超过正常油温，升到 80℃ 以上，该温度使用电接点信号温度计测量，正常温度在 40～60℃ 范围内，当温度达到 85℃ 以上时发出主变温度过高信号，将 2 台主变解列，单独运行时表计均正常。认为可能是 2 台主变分接开关挡位不相同造成的。检查主变分接开关：#2 主变分接开关正常，而 #1 主变分接开关换挡时，挡位转动失灵，并有卡阻现象，经测定直流电阻不平衡。对 #1 主变进行吊芯检查，发现分接开关接触不良，有烧痕，动静触头已经错位，一只动触头落在铁芯上。更换分接开关，故障排除。

(2) 故障原因分析　在春检时，检修人员只测量了分接开关 Ⅱ 挡电阻，没有转动分接开关测定其他挡电阻。#1 主变的分接开关长期在 Ⅱ 挡运行，接触不良，并有发热现象，使该主变阻抗增大、无功功率减少，致使 #2 主变无功功率增大、温度过高。再加上 #

1 主变的分接开关质量不好，检查转动时，失灵、错位、触头脱落，造成了以上故障的发生。

以此例为教训，检修人员要严格按规程检查主变，每年一定要将分接开关旋转一周，并测量其直流电阻，避免引起类似事故的发生。

3.2.4 变压器其他典型故障的检修

例 3-24 变压器散热器渗漏油的检修

(1) 故障现象 某真正运行中的电力变压器的散热器等部位出现轻微慢性渗漏油。

(2) 故障原因 变压器渗漏油往往会使整个变压器造成灾难性的损坏，其故障原因如下。

① 变压器的渗漏油与变压器承载的负荷有关，负荷越高，变压器油温越高，油的黏度也将变得越稀薄，更容易渗漏油；随着变压器油温的升高，隔膜式储油柜的油面也将升高，一旦油面超过隔膜密封面，由于隔膜式储油柜存在着密封面大、密封结构不合理、法兰加工不平整等问题，将造成严重的渗漏油。现场发现几乎所有的隔膜式储油柜均存在着渗漏油的情况，而胶囊式储油柜却无一渗漏油。因此，从结构上改造隔膜式储油柜成为解决变压器渗漏油问题的当务之急。

② 变压器制造厂工艺水平低、组件质量差是造成变压器渗漏油的主要原因之一。不仅放气塞、蝶阀、气体继电器渗漏油，而且法兰结合面之间不平行、法兰太单薄容易变形、安装尺寸公差太大、密封面未加工等情况，也会导致渗漏油。为此更换组件，采用波纹管软连接是消除法兰之间应力现场解决气体继电器的接口渗漏油的唯一有效途径。

③ 变压器运行环境恶劣，也容易导致渗漏油。

(3) 事故对策 本例故障如果用传统的修理方法，一般是通过把散热箱的油排干后完全更换箱体来解决，其维修费用比较高，所需要的时间也比较长。由于变压器是轻微慢性渗漏油，维修人员决定采用堵漏胶应急修理。

通电后，先用1min快速环氧胶进行初步密封（此时用螺钉等减缓渗漏速度），待停止渗漏后，对散热器表面进行打磨并用清洗剂清洁，然后在原来渗漏处的外面覆盖上一层快速钛合金；等1h初固后，又涂上一层富乐欣FL10和FL20；最后涂一层富乐欣80，作为最终的密封措施，以增加抗振动及耐热循环能力；等富乐欣80完全固化（一般需要24h左右）后，再上漆，以改善外观。整个操作过程如图3-12所示。

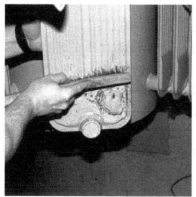

图3-12 变压器散热器渗漏油堵漏

重要提示：使用堵漏胶，从表面上看起来并没有渗漏油现象，但据统计最多只能维持几个月到一年左右。使用堵漏胶会影响散热，使用应慎重，不适宜用在密封面上，只能用于变压器油箱焊缝或散热器等部位的小面积应急堵漏。

例 3-25 **变压器压力释放阀非正常喷油的检修**

（1）故障现象　电气检修人员在设备巡回检查中，发现安装投运不到两年的主变靠南侧水泥地面上有大量的油迹，并在南侧龙门构架的立柱 3m 处也有大量油迹，再查看主变压力释放阀顶端的信号装置，显示已动作。该压力释放阀为 YST-55/130KJ 型，释放压力为 55MPa，即主变内部压力大于该值时释放阀动作。但当时主变的声音、温度、电流均无异常现象，而且主变轻重瓦斯继电器也均未动作过。为查明原因，确保主变动安全，被迫申请停电检查。

（2）故障原因　经检查发现吸湿器内硅胶中有变压器油；吸湿器托油罩上侧的密封橡胶圈在安装时没有卸除，而且托油罩上得较紧，致使空气隙堵塞；储油柜中大胶囊内有大量油，胶囊已破损。

通过分析认为，发生这次事故主要是吸湿器托油罩上侧的密封橡胶垫圈没有卸除，加之该罩又上得较紧，致使吸湿器中空气隙完全堵塞，胶囊与大气无法相通，造成无法"呼吸"。

正常的变压器负载是有变化的，而且环境温度也在变化，油温也随之变化。油温上升时体积膨胀，对胶囊产生压力，加之胶囊内原有气体也因发热膨胀，致使胶囊受到油的压力更大。据了解，前一天因另一台主变停运，部分 35kV 负荷转移到这台主变上，造成超 10％负荷运行近 2h，主变上层油温为 82℃，当然对胶囊挤压就更大，超过一定压力时，胶囊被挤破。胶囊虽破但气体仍在主变内无法排出。随着主变温度再上升，当压力升到 55MPa 时，压力释放阀动作，大量喷油。

气体继电器不动作，是因主变内部压力生成有一定的过程，这时既没有可燃性气体产生，也没有一定流速的油流产生，故气体继电器无法动作属于正常。

通过对变压器的气相色谱化验及主变各项高压试验，证明主变一切正常。但这次事故不但损坏了胶囊同时造成主变停运24h。

（3）事故对策　①新装变压器在投运前一定要将吸湿器托油罩上侧的密封橡胶圈卸除。此垫圈是变压器储存、运输时密封用的，正常运行时绝不可密封，以保证变压器"呼吸"顺畅。

②变压器在运行中，值班人员应经常检查胶囊"呼吸"是否顺通，吸湿器是否堵塞，储油柜的油位波动是否正常。

③变压器安装或大修时，应对胶囊是否漏气进行仔细检查，经试漏合格方可安装。安装时要注意袋身长方向与储油柜方向平行，防止袋身扭转或折皱，导致损坏。

④储油柜内壁表面应光滑、无毛刺和焊渣，以防割破、刺伤胶囊。

例 3-26 变压器压力释放阀喷油的检修

6月上旬，黄淮地区气温骤然升高，公司220kV贺村变电站2号主变发送压力释放阀动作报警即高油位、高油温信号，现场储油池内有两大片油迹。两个压力释放阀顶部的信号装置显示均已动作。变压器三侧电压、电流稳定，气体继电器、差动保护、过流保护均未动作，变压器4台冷却器全部投入运行，但进风口与出风口温度差很小，并且出风量不大。储油柜油位超过最高极限位置很多。喷油时本体上层油温82℃，并且还有上升趋势。该变压器当时实际负载90000kW，没有达到额定负载。

该变压器型号SFPSZ8-120000/220，装有4台YF3-200冷却器，冷却器额定冷却容量200kW，额定油流60m³/h，额定风流量200m³/h，变压器额定负载时总损耗398.6kW。正常情况下满负载运行时，2台工作，1台备用、1台辅助。但该变压器喷油时，

4 台冷却器已全部投入运行，变压器油温仍有上升趋势，说明变压器某部位出现了严重的问题。由于变压器三侧电压、电流稳定，气体继电器、差动保护、过流保护均未动作，说明变压器本体正常。

造成变压器油温、油位异常的原因有：

① 变压器本体某部位出现故障。

② 变压器过负载运行。

③ 冷却系统出现故障。

该故障很显然不是第一、二种原因引起的，问题就出在冷却系统上。从表面上看 4 台冷却器全部投入运行，风扇、油泵运转正常，但是风机的出风量、进出口温差都很小。冷却器进出口油温差也很小。经仔细检查发现冷却器管束之被柳絮和灰尘封堵，风机吹过的冷风无法从冷却管束之间的间隙通过，冷却器冷却效果大打折扣，严重时可降低冷却效果达 75% 以上，据了解该地区近年来大量种植杨树，每年 5 月份是杨树、柳树集中飘絮时间，大量飞絮被风吹得到处乱飘。飞絮一旦被风吹到冷却器上很难再被吹走，经过雨水浸泡便粘在冷却器的冷却管束上。5 月下旬到 6 月上旬是黄淮地区麦收季节，空气干燥，昼夜温差大，气温上升快，空气中灰尘较多。空气中的灰尘被吹到粘在冷却管束的柳絮上，进一步加重冷却器的堵塞，使冷却器冷却效果急剧下降。热量散发不出去就会使变压器油温、油位上涨，当储油柜全部充满油后，随温度上升而膨胀的油会使变压器内部压力增大，达到 0.55MPa 时压力释放阀动作。由于冷却器通风不畅，该公司桃园 1、2 号主变，潘家庵 1、2 号主变，九里 2 号主变相继出现了类似的油温、油位高位报警。

因柳絮在冷却器管束上粘的比较牢固，用压缩空气不容易清除，可用金属清洗剂加入清水来清洗油迹，使用高压冲洗机从正反两个方向冲洗。冲洗时应注意不要使水流进二次端子箱及风冷分控制箱，防止事故扩大。带电冲洗时应注意保持安全距离，防止触电。冷却器冲洗干净后，经过 2h 的运行，变压器上层油温迅速降到 50℃，油位也恢复正常。

为减少变压器喷油事故的发生，应采取以下措施。

① 加强巡视，注意观察油温、油位随负载和环境温度的变化情况，发现异常应及时通知检修人员做相应的处理。

② 每年 5 月下旬飘絮结束后，应立即安排对强油风冷变压器进行冷却器清理。

③ 加强对变压器冷却系统的维护，确保冷却器运转良好。避免变压器超过允许的温升。

④ 加强对变压器呼吸系统维护，确保变压器呼吸系统通畅。

⑤ 变压器储油柜容积设计应合理，避免出现冬季见不到油位，夏季油位涨满的情况。

例 3-27　10kV 变压器运行状态跟踪监测与检修

（1）故障现象　某 10kV 变电站在 #2 主变压器停电实验过程中发现 10kV 套管出现电容超标现象，因此通知厂家进行更换套管。在更换套管时向变压器内注入了 40kg 变压器油。在变压器再次投入运行后，按照规程采用色谱跟踪法对绝缘油进行分析。分析结果显示，变压器油中总烃以及氢气的含量异常上升。采取措施是多次取样进行分析，并加强对设备状况的监测。

（2）故障检查　采用由色谱分析、红外测温和铁芯接地测试等状态检测技术对变压器的运行状态进行分析，最终确定故障原因。

首先对变压器油进行色谱分析，经过检测分析发现乙烯是主要成分，因此可以判断变压器的内部存在着过热的现象。接着进行铁芯接地电流测试，测试电流为 62mA 未超过规定上限 100mA 值，因此不存在铁芯过热的情况。综合以上两组测试数据可知，变压器的故障应该是回路接触不良。

接着对 10kV 侧的调压开关和 10kV、6kV 侧的出线和导电杆连接点进行测试（该变电站的 10kV 和 6kV 母线回路采用单母线分段式连接方式）。将变压器油放出后检查 10kV 侧的调压开关，发现变压器三相触头都有不同程度的烧伤状况。将设备停电，进行 10kV 直流电阻测试实验经过测试发生三相不平衡度为 52%，因此综合以上所有检测结果可知故障区域在 10kV 侧的调压开关附近。

（3）故障分析及措施 将 10kV 侧的调压开关拆开分析发现，调压开关的触头部位的弹簧压力不够，导致接触不良从而使得接触部位发热，另外调压开关采用的材料质量不过关，设计工艺均不能满足要求。

针对以上原因，要求厂家更换相关元件，并且对另一台变压器及时地采取预试措施。变压器修复后对变压器每周取油三次，开展油雾情况跟踪分析等状态检测工作，防止类似故障再次发生。

可见，变压器状态检修不仅能够节约成本，还能够有效的提高设备运行的可靠性，保证电网的安全运行。

例 3-28 主变 B 相过电压的检修

（1）故障现象 某 110kV 变电站有两台主变，容量为 $2×50MV·A$，主变型号都是 SSZ9-50000/110，电压比为 $110±8×1.23\%/38.3、2×2.4\%/10.3$，连接组别为 YN、yn0 和 d11。该变压器自投运以来，历次电气试验数据及色谱分析均显示该变压器处于正常运行状态。某天，该变电站控制室显示屏突然发出"1 号主变重瓦斯动作、差动保护动作"等信号，主变三侧断路器跳闸，运行人员立即启动事故应急处理预案，巡视、检查断路器，确定其在分闸位置后，随即拉开刀闸，使之处于检修状态。

（2）故障诊断 变压器停运后，检修人员立即对变压器本体、三侧开关、刀闸、避雷器等设备进行了详细检查，结果发现变压器本体范围内设备外观正常，无爆炸、着火、烧蚀、放电等现象，但主变 35kV 侧氧化锌避雷器雷电计数器 A、B、C 三相记录数值分别为 60、62、60（上次效验设定底数均为 60）。从避雷器 B 相动作情况可以初步断定变压器中压 B 相可能出现过电压，同时，对 1 号变压器本体绝缘油取样进行了色谱分析，并现场做了必要的诊断性电气试验。

第4章

电动机及控制电路故障检修

4.1 单相异步电动机的检修

4.1.1 故障类型及检修思路

4.1.1.1 单相异步电动机的故障类型

　　单相异步电动机广泛应用于家用电器、电动工具、医疗器械、农用机械等领域,特别是家用电器中常见的洗衣机、电风扇、空调、暖风机、抽油烟机等,其动力源均为单相电动机。单相异步电动机的故障有电气故障和机械故障两类。

　　(1)电气故障　电气故障主要有:定子绕组断路、定子绕组接地、定子绕组绝缘不良、定子绕组匝间短路、分相电容器损坏、转子笼型绕组断条等故障。

　　(2)机械故障　机械故障主要有:轴承损坏、润滑不良、转轴与轴承配合不好、安装位置不正确、风叶损坏或变形等。

4.1.1.2 单相异步电动机检修思路

　　检修时应根据故障现象,分析产生故障的可能原因,并通过检查、分析和判断,找出故障,迅速修复。

　　电动机出现了故障,首先要了解其型号、结构、使用情况,旧的电动机还要了解是否修过、修理前后的情况等;同时还要注意观察或询问故障现象,如启动情况,运行情况,有无振动、噪声、发热、冒烟、焦臭气味等异常现象,通过观察了解,从故障的主要现象入手,初步确定可能产生故障的原因。如果原因很多,一时难以肯定，可再结合故障的一些次要现象，进行全面的分析或必要的测试，以缩小范围。

由于单相异步电动机有其特殊点，故检修时，除可采用类似三相异步电动机的方法外，还要注意不同之处，如启动装置故障、辅助绕组故障、电容故障及气隙过小引起的故障等。

根据单相异步电动机的结构和工作原理，单相绕组由于建立的是脉振磁场，电动机没有启动转矩，需要增加辅助绕组（有分相式和罩极式），以帮助电动机启动或运行，当单相异步电动机的辅助回路出现故障时，就可能出现不能启动、转向不定、转速偏低。可见，立足原理分析的检修，是十分有效的方法。

4.1.1.3 单相异步电动机常见故障检修要点

单相异步电动机常见故障及排除方法见表 4-1。

表 4-1 单相异步电动机常见故障及排除方法

故障现象		故障原因	排除方法	检查顺序或要点
通电后电动机不能启动	没有"嗡嗡"声	①电源断线或进线线头松动 ②主绕组内断路 ③主绕组短路或过热烧毁	①检查电源并恢复供电或接牢线头 ②用万用表或试灯找出断点，予以局部修理或更换绕组 ③查出短路点，局部修理或更换绕组	先检查熔丝，确定有无电源，再查找绕组故障
	电动机发出"嗡嗡"声，用外力推动后可正常旋转	①辅助绕组内断路 ②离心开关损坏或触点毛糙，引起接触不良 ③电流型启动继电器线圈断路或触点接触不良 ④PTC启动继电器损坏而断路 ⑤电容失效、断路或容量减小太多 ⑥罩极式电动机短路环断开或脱焊	①用万用表或试灯找出断路点，进行局部修理或更换绕组 ②检查离心开关，如不灵活予以调整，如触点接触面粗糙则予以磨光，如不能修复则更换 ③用万用表确定故障，修理线圈或触点，或更换线圈 ④万用表测量确定故障后，予以更换 ⑤更换电容 ⑥焊接或更换短路环	接通电源后，用外力推动看是否可正常旋转是判断该类型故障的关键，用代换法或万用表测量电容器确认电容器有无故障是检修时的切入点

故障现象	故障原因	排除方法	检查顺序或要点
通电后电动机不能启动	电动机发出"嗡嗡"声,外力不能使之旋转	①电动机过载	①测电动机的电流,判断所带负载是否正常,若过载则减小负载或换上较大容量的电动机	接通电源后,用外力推动看是否可正常旋转是判断该类型故障的关键,从简单原因入手,按照"先外部后内部"的修理思路,先检查电动机是否过载、主绕组接线是否有误、端盖是否装配到位等外部原因,再检查电动机内部的故障,如铁芯、定子、转子等故障
		②轴承故障 a. 轴承损坏 b. 轴承内有杂物 c. 润滑脂干涸 d. 轴承装配不良 ③端盖装配不良 ④定子、转子铁芯相擦	②检修轴承 a. 更换轴承 b. 清洗轴承,换上新的润滑脂,润滑脂充填量应不超过轴承室容积的70% c. 清洗和更换润滑脂 d. 重新装配,调整同轴使之转动灵活 ③重新调整装配端盖,予以校正 ④检修定子、转子铁芯	
		a. 轴承严重磨损 b. 转轴弯曲 c. 铁芯冲片变形有突出 ⑤笼型转子断条 ⑥主绕组接线错误	a. 更换轴承 b. 检测转轴,若弯曲予以校正 c. 检查铁芯冲片,锉去铁芯冲片突出部分 ⑤检查并修理转子 ⑥检查并重新接线	
	电动机转速低于正常转速	①电动机过载运行 ②电源电压偏低 ③启动装置故障,启动后辅助绕组没有脱离电源 ④电容损坏(击穿、断路或容量减小) ⑤主绕组短路或部分接线错误 ⑥轴承损坏或缺油等造成摩擦阻力加大 ⑦笼型转子断条,造成负载能力下降	①检测负载电流,判断负载大小,减轻负载 ②查明原因,提高电源电压 ③检查启动装置是否失灵,触点是否粘连,并予以修理或更换 ④更换电容 ⑤检查、修理或更换绕组 ⑥清洗、更换润滑脂,或更换轴承 ⑦查找断条处,并予以修理	先检查负载和电源电压,然后检查电容器和测量绕组的电阻值,最后检查转子和轴承的故障

续表

故障现象		故障原因	排除方法	检查顺序或要点
电动机过热	启动后很快发热	①电源电压过高或过低 ②启动装置故障,启动后辅助绕组没有脱离电源 ③主、辅绕组接错,将辅助绕组当作主绕组接入电源 ④负载选择不当,过大或过小 ⑤主绕组短路或接地 ⑥主、辅绕组间短路	①查明原因,调整电源电压大小 ②检查启动装置,修理或更换启动装置 ③检查并重新接线 ④过载时减轻负载,电容运转电动机空载运行时发热属正常现象,可增大负载 ⑤查找短路点或接地点,局部修复或更换绕组 ⑥查找短路点,局部修复或更换绕组	先测量电压是否正常、检查负载是否匹配、绕组接线有无错误,然后检查启动装置有无故障,最后检查绕组故障
	运行中温升过高	①电源电压过高或过低 ②电动机过载运行 ③主绕组匝间短路 ④轴承缺油或损坏 ⑤定子、转子铁芯相擦 ⑥绕组重绕时,绕组匝数或导线截面搞错 ⑦转子断笼	①查明原因,调整电源电压大小 ②减轻负载 ③修理主绕组 ④清洗轴承并加润滑脂,或更换轴承 ⑤查明原因,予以修复 ⑥查明原因更换绕组 ⑦查找断裂处并予以修复	先测量电压是否正常、电动机是否过载,再绕组,最后检查定子、转子的故障
	运行中冒烟,发出焦煳味	①绕组短路烧毁 ②绝缘受潮严重,通电后绝缘击穿烧毁 ③绝缘老化造成短路烧毁	检查短路点和绝缘状况,根据检查结果局部或全部更换绕组	用绝缘电阻表测量电动机的绝缘电阻是否正常,再检查绕组故障
	轴承端盖部分很热	①轴承内润滑脂干涸 ②轴承内有杂物或损坏 ③轴承装配不当,转子转动不灵活	①清洗、更换润滑脂 ②清洗或更换轴承 ③重新装配、调整,用木锤轻敲端盖,按对角顺序拧紧端盖螺栓,同时不断试转转轴,察看是否灵活,直至螺栓全部拧紧	先用手检查转子转动是否灵活,否则重新装配或调整轴承端盖,顺便检查轴承有无杂物或损坏

续表

故障现象	故障原因	排除方法	检查顺序或要点
电动机运行中振动或噪声大	①转轴弯曲等引起不平衡 ②轴承磨损、缺油或损坏 ③绕组短路或接地 ④转子绕组断笼，造成不平衡 ⑤电动机端盖松动 ⑥定子、转子铁芯相擦 ⑦转子轴向窜动量过大 ⑧冷却风扇松动，或风扇叶片与风罩相擦	①查明原因，予以校正 ②清洗和更换润滑脂或更换轴承 ③查找故障点，予以修复 ④查找断裂处，予以修理 ⑤拧紧端盖紧固螺栓 ⑥检查并予以修理 ⑦轴向游隙应小于 0.4mm，过大应加垫片调整 ⑧调整并固定	判断振动是机械方面引起的还是电气方面引起的，是快速检修该故障的前提条件。其方法是：接通电源，电动机发生振动，切断电源，电动机仍发生振动，为机械故障；若接通电源，电动机振动，切断电源振动消失为电气故障

4.1.2 检修实例

例 4-1 脱粒机负载稍重就不能启动的检修

某脱粒机单相电动机出现负载稍大就不能启动的故障，据用户讲，该脱粒机一直使用很好，近期在带动稍大的负载时不能启动，电动机发出"嗡嗡"声。

从维修经验分析，导致该故障的原因一般是离心开关开路损坏引起的。该单相电机离心开关电路接线图如图 4-1（a）所示，其外部引脚排列方式如图 4-1（b）所示。检修时，只要通过测量电动机的接线柱⑤脚与⑥脚之间是否连通就可确认无误；如不通，则就说明离心开关开路。

用万用表 R×100 挡测电动机的接线柱头⑤与⑥间不通，证明离心开关确实已开路。离心开关开路的原因如下：

① 弹簧失效，无足够的张力使触头闭合；

② 机械机构卡死；

③ 触头烧坏脱落；

(a) 实物图

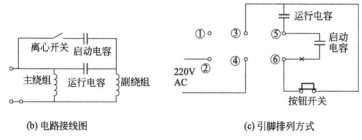

(b) 电路接线图　　　　　　(c) 引脚排列方式

图 4-1　脱粒机电动机离心开关接线图和引脚排列方式

④ 触头簧片过热失效；

⑤ 接线螺钉松脱或线头断开；

⑥ 动静触头间有杂物、油垢，使其接触不良；

⑦ 触头绝缘板断裂，使触头不能闭合。

离心开关损坏后，若不能修复，可用同型号的离心开关更换。

如果没有同型号的离心开关，也可以采用下述方法进行应急修理：断开接线柱头⑥的启动电容引线，串联一只按钮开关（平时为动合状态），并按图中所示改接到接线柱③脚上，即用按钮开关代替电动机内开路损坏的离心开关。在启动时，按下按钮开关数秒钟，待电动机正常启动以后，再松开手即可。

本例采用上述方法修理后，故障排除。

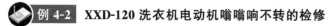 **例 4-2** **XXD-120 洗衣机电动机嗡嗡响不转的检修**

该机为单相电容运转式 4 极电动机，电容和副绕组串联后再和

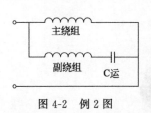

图 4-2　例 2 图

主绕组并联接入电路，如图 4-2 所示。电动机嗡嗡响不转，可能是运转电容坏、副绕组开路或短路引起。

首先，取下电容，用万用表 R×1k 挡测，发现已无充放电能力。用万用表 R×1 挡测电动机引出的三根线，红线和蓝线阻值为 27Ω，黄线和蓝线阻值为 27Ω，红线和黄线阻值为 54Ω，说明主、副绕组良好。换 CBB60 型 10μF 电容后，故障排除。

例 4-3　某品牌木工电刨床电动机嗡嗡响不转的检修

该电动机是单相电容启动异步电动机，电容和副绕组、离心开关串联后，再和主绕组并联接入电路，如图 4-3 所示。

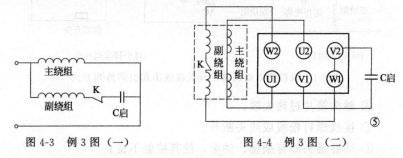

图 4-3　例 3 图（一）　　　　　图 4-4　例 3 图（二）

根据单相电容启动电动机原理分析，电动机嗡嗡响不转可能是电容坏，也可能是副绕组短路或断路，或者是离心开关开路引起。

将倒顺开关置中间位置，卸下启动电容。用万用表的 R×1 挡测主绕组阻值正常，副绕组在电动机壳内和离心开关串联，阻值正常，如图 4-4 所示。用 R×100 挡测电容表针微动，说明电容容量不够，换 CD60 型 200μF 启动电容后，故障排除。

例 4-4　某品牌饲料粉碎机接通电源空载运行正常，加料就停机的检修

该电动机是电容启动电容运转异步电动机，电路原理如图 4-5 所示，接线板接法如图 4-6 所示。

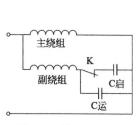

图 4-5　例 4 图（一）

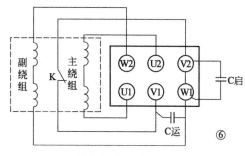

图 4-6　例 4 图（二）

取下 W2、U1 和 U2、V1 连接片，从 W1 接线柱上卸开启动电容和运转电容的引线，用万用表欧姆挡测 V1-U2 主绕组和 W1-W2 副绕组阻值正常，V1、V2 离心开关通，测启动电容 C2 正常，运转电容 C1 已无充放电能力，更换 CBB60 型 40μF 运转电容后，故障排除。

例 4-5　某品牌木工刨床电动机接通电源噪声大、有劲，几分钟电动机高烧，电容器发烫而后爆裂的检修

此机接线与图 4-6 所示相同。将倒顺开关置停机位置，卸下启动电容和运转电容。测主绕组 V1-U2，副绕组 W1-W2 阻值正常，离心开关接柱 V1-V2 为零，测运转电容 C1 良好。怀疑离心开关没有分离，启动电容已经串入副绕组参与运行，造成电流大电动机高烧。再次试机，电动机在停机时听不见离心开关"喀喳"的闭合声，判定离心开关不能分离。

拆机观察离心开关触点黏结。更换离心开关及 150μF 启动电容后，故障排除。

例 4-6　某品牌粉碎机配套电动机屡烧电容的检修

据客户说：电动机转起来工作正常，挺有劲，就是爱烧电容。在一家修理部修理，换了一只启动电容后用了一天又烧了，7 天连续烧了 4 只电容器。

电动机运转正常，能正常工作，说明主、副绕组与离心开关没问题，怀疑启动电容质量有问题或电容容量和电动机不匹配。卸下

启动电容和运转电容，测得运转电容容量为 $40\mu F$，启动电容已烧坏（标注为 $200\mu F$）。不可能前位维修人员所换的 4 只电容的质量都有问题吧。决定先考虑启动电容与电动机的功率配套问题，即先估算电动机功率是多少，再选配套电容。

拆机观测主、副绕组线圈没有变色现象，离心开关良好。用游标尺测得电动机定子铁芯内径为 77mm、外径为 145mm，用直尺测得定子铁芯长度为 112mm，根据维修经验及维修记录数据估算该机功率约为 3kW，配套的启动电容容量应为 $250\sim300\mu F$，又用千分尺测得副绕组线径为 $\phi0.96mm$，配套启动电容量是 $40\mu F$。询问用户得知，该电动机主要用于粉碎草料及玉米，要求启动转矩较大，决定换上 $300\mu F$ 的启动电容试机，运转正常，至今再未出现烧电容的现象。

提示：单相电动机配套电容一般规律为，对于 $1.1\sim1.5kW$ 单相两极电容启动电动机而言，启动电容容量约为 $200\mu F$。对于单相电容启动、电容运转双值电动机而言，$1.5\sim2.2kW$ 的，启动电容容量为 $200\sim250\mu F$，运转电容容量为 $30\sim35\mu F$；$2.2\sim3kW$ 的，启动电容容量为 $250\sim300\mu F$，运转电容容量为 $35\sim40\mu F$；$3\sim3.5kW$ 的，启动电容容量为 $300\sim350\mu F$，运转电容容量为 $40\sim45\mu F$（有的标为 $50\mu F$）。在实际维修中，应根据电动机铭牌或估算电动机功率对电容容量进行选择。

例 4-7 某一台电动机不能带负荷运转的检修

据用户讲：该电动机之前一直正常，后来电动机接线板坏了，请当地电工接好线后就出现了该故障。

经查，该电动机的主、副绕组引出线接线错位，即主绕组成了副绕组，副绕组成了主绕组。电动机的主绕组线径粗、阻值小，副绕组线径细，阻值大。在接线前，应先用万用表测量，以判断出主、副绕组，然后才将线圈引线接对应的接线柱。

例 4-8 某一台电动机转速慢，机壳烫手，一会儿后冒烟

用户称：出故障后自己拆机发现电动机内部的两只电容中有一

只爆裂，于是从商店中买回一只电容自己装上，试机又损坏。经查该电动机的离心开关已黏结，主、副绕组已烧黑。更换定子线圈、离心开关和电容后，故障排除。

● 例 4-9　某一台电动机不启动的检修

拆机检查，发现机内的两只电容均为 $35\mu F/450V$ 的电容，这显然不正常。该机的启动电容容量应在 $250\mu F$ 左右。询问用户得知：该电机损坏后，用户发现电机内部的一只电容已炸裂，于是自行到商店购买电容，因当时未带上旧电容，店员没有问清是启动电容还是运转电容而随便取了一只，换上后电动机仍不启动。将启动电容换为 CD60 型 $250\mu F/250V$ 的电容后，电动机启动、运转均正常。

● 例 4-10　鼓风机正常运转有喀哒声的检修

用手抬压转子轴，有轻微的喀哒声。拆机后检查轴承油污太多，轴承外套在前端盖轴承位内转，磨损了前端盖轴承位。因磨损不严重，用冲子均匀地给轴承位冲上麻点（即錾花），清洗轴承后组装修复。

● 例 4-11　鼓风机低速运行时定子发热，时间稍长闻有焦味的检修

拨动风叶转动灵活，无扫膛迹象，怀疑绝缘老化、线圈短路。万用表测引出线阻值很小，判定线圈短路。拆机后发现线圈已变为橙黄色，其中一组烧焦。按原机数据重新嵌线后修复。

该故障若处理不及时，开机时间长了电动机便会被烧毁。

4.2　三相异步电动机及控制线路的检修

4.2.1　故障类型及常见故障处理方法

4.2.1.1　三相异步电动机的故障类型

三相异步电动机在长期的运行过程中，会发生各种各样的故障，这些故障综合起来可分为电气故障和机械故障两大类。电气故障主要有定子绕组、转子绕组、定转子铁芯、开关及启动设备的故障等；机械故障主要有轴承、转轴、风扇、机座、端盖、负载机械设备等的故障。

4.2.1.2 常见故障处理方法

及时查找故障原因并进行相应处理，是防止故障扩大、保证电动机正常运行的重要工作。三相异步电动机的常见故障现象、故障可能原因以及相应的处理方法见表 4-2。

表 4-2 三相异步电动机的常见故障及处理

故障现象	故障原因	处理方法
通电后电动机不能启动，但无异响，也无异味和冒烟	①电源未通（至少两相未通）	①检查电源开关、接线盒处是否有断线，并予以修复
	②熔丝熔断（至少两相熔断）	②检查熔丝规格、熔断原因，换新熔丝
	③过流继电器调得过小	③调节继电器整定值与电动机配合
	④控制设备接线错误	④改正接线
通电后电动机转不动，然后熔丝熔断	①缺少一相电源	①找出电源回路断线处并接好
	②定子绕组相间短路	②查出短路点，予以修复
	③定子绕组接地	③查出接地点，予以消除
	④定子绕组接线错误	④查出错接处，并改接正确
	⑤熔丝截面过小	⑤更换熔丝
通电后电动机转不启动，但有嗡嗡声	①定、转子绕组或电源有一相断路	①查出断路点，予以修复
	②绕组引出线或绕组内部接错	②判断绕组首尾端是否正确，将错接处改正
	③电源回路接点松动，接触电阻大	③紧固松动的接线螺钉，用万用表判断各接点是否假接，予以修复
	④电动机负载过大或转子发卡	④减载或查出并消除机械故障
	⑤电源电压过低	⑤检查三相绕组接线是否把△形接法误接为 Y 形，若误接应更正
	⑥轴承卡住	⑥更换合格油脂或修复轴承
电动机启动困难，带额定负载时的转速低于额定值较多	①电源电压过低	①测量电源电压，设法改善
	②△形接法电机误接为 Y 形	②纠正接法
	③笼型转子开焊或断裂	③检查开焊和断点并修复
	④定子绕组局部线圈错接	④查出错接处，予以改正
	⑤电动机过载	⑤减小负载

续表

故障现象	故障原因	处理方法
电动机空载电流不平衡,三相相差较大	①定子绕组匝间短路 ②重绕时,三相绕组匝数不相等 ③电源电压不平衡 ④定子绕组部分线圈接线错误	①检修定子绕组,消除短路故障 ②严重时重新绕制定子线圈 ③测量电源电压,设法消除不平衡 ④查出错接处,予以改正
电动机空载或负载时电流表指针不稳,摆动	①笼型转子导条开焊或断条 ②绕线型转子一相断路,或电刷、集电环短路装置接触不良	①查出断条或开焊处,予以修复 ②检查绕线型转子回路并加以修复
电动机过热甚至冒烟	①电动机过载或频繁启动 ②电源电压过高或过低 ③电动机缺相运行 ④定子绕组匝间或相间短路 ⑤定、转子铁芯相擦(扫膛) ⑥笼型转子断条,或绕线型转子绕组的焊点开焊 ⑦电动机通风不良 ⑧定子铁芯硅钢片之间绝缘不良或有毛刺	①减小负载,按规定次数控制启动 ②调整电源电压 ③查出断路处,予以修复 ④检修或更换定子绕组 ⑤查明原因,消除摩擦 ⑥查明原因,重新焊好转子绕组 ⑦检查风扇,疏通风道 ⑧检修定子铁芯,处理铁芯绝缘
电动机运行时响声不正常,有异响	①定、转子铁芯松动 ②定、转子铁芯相擦(扫膛) ③轴承缺油 ④轴承磨损或油内有异物 ⑤风扇与风罩相擦	①检修定、转子铁芯,重新压紧 ②消除摩擦,必要时车小转子 ③加润滑油 ④更换或清洗轴承 ⑤重新安装风扇或风罩
电动机在运行中振动较大	①电机地脚螺栓松动 ②电机地基不平或不牢固 ③转子弯曲或不平衡 ④联轴器中心未校正 ⑤风扇不平衡 ⑥轴承磨损间隙过大 ⑦转轴上所带负载机械的转动部分不平衡 ⑧定子绕组局部短路或接地 ⑨绕线型转子局部短路	①拧紧地脚螺栓 ②重新加固地基并整平 ③校直转轴并做转子动平衡 ④重新校正,使之符合规定 ⑤检修风扇,校正平衡 ⑥检修轴承,必要时更换 ⑦做静平衡或动平衡试验,调整平衡 ⑧寻找短路或接地点,进行局部修理或更换绕组 ⑨修复转子绕组

续表

故障现象	故障原因	处理方法
轴承过热	①滚动轴承中润滑脂过多 ②润滑脂变质或含杂质 ③轴承与轴颈或端盖配合不当（过紧或过松） ④轴承盖内孔偏心，与轴相擦 ⑤皮带张力太紧或联轴器装配不正 ⑥轴承间隙过大或过小 ⑦转轴弯曲 ⑧电动机搁置太久	①按规定加润滑脂 ②清洗轴承后换洁净润滑脂 ③过紧应车、磨轴颈或端盖内孔，过松可用黏结剂修复 ④修理轴承盖，消除摩擦 ⑤适当调整皮带张力，校正联轴器 ⑥调整间隙或更换新轴承 ⑦校正转轴或更换转子 ⑧空载运转，过热时停车，冷却后再走，反复走几次，若仍不行，拆开检修
空载电流偏大（正常空载电流为额定电流的 20%～50%）	①电源电压过高 ②将 Y 形接法错接成△形接法 ③修理时绕组内部接线有误，如将串联绕组并联 ④装配质量问题，轴承缺油或损坏，使电动机机械损耗增加 ⑤检修后定、转子铁芯不齐 ⑥修理时定子绕组线径取得偏小 ⑦修理时匝数不足或内部极性接错 ⑧绕组内部有短路、断线或接地故障 ⑨修理时铁芯与电动机不相配	①若电源电压值超出电网额定值的 5%，可向供电部门反映，调节变压器上的分接开关 ②改正接线 ③纠正内部绕组接线 ④拆开检查，重新装配，加润滑油或更换轴承 ⑤打开端盖检查，并予以调整 ⑥选用规定的线径重绕 ⑦按规定匝数重绕绕组，或核对绕组极性 ⑧查出故障点，处理故障处的绝缘。若无法恢复，则应更换绕组 ⑨更换成原来的铁芯
空载电流偏小（小于额定电流的 20%）	①将△形接法错接成 Y 形接法 ②修理时定子绕组线径取得偏小 ③修理时绕组内部接线有误，如将并联绕组串联	①改正接线 ②选用规定的线径重绕 ③纠正内部绕组接线
Y-△ 开关启动，Y 位置时正常，△位置时电动机停转或三相电流不平衡	①开关接错，处于△位置时的三相不通 ②处于△位置时开关接触不良，成 V 形连接	①改正接线 ②将接触不良的接头修好

续表

故障现象	故障原因	处理方法
电动机外壳带电	①接地电阻不合格或保护接地线断路 ②绕组绝缘损坏 ③接线盒绝缘损坏或灰尘太多 ④绕组受潮	①测量接地电阻,接地线必须良好,接地应可靠 ②修补绝缘,再经浸漆烘干 ③更换或清扫接线盒 ④干燥处理
绝缘电阻只有数十千欧到数百欧,但绕组良好	①电动机受潮 ②绕组等处有电刷粉末(绕线型电动机)、灰尘及油污进入 ③绕组本身绝缘不良	①干燥处理 ②加强维护,及时除去积存的粉尘及油污,对较脏的电动机可用汽油冲洗,待汽油挥发后,进行浸漆及干燥处理,使其恢复良好的绝缘状态 ③拆开检修,加强绝缘,并作浸漆及干燥处理,无法修理时,重绕绕组
电刷火花太大	①电刷牌号或尺寸不符合规定要求 ②滑环或整流子有污垢 ③电刷压力不当 ④电刷在刷握内有卡涩现象 ⑤滑环或整流子呈椭圆形或有沟槽	①更换合适的电刷 ②清洗滑环或整流子 ③调整各组电刷压力 ④打磨电刷,使其在刷握内能自由上下移动 ⑤上车床车光、车圆
电动机轴向窜动	使用滚动轴承的电动机为装配不良	拆下检修,电动机轴向允许窜动量如下 下表

拆下检修,电动机轴向允许窜动量如下

容量/kW	轴向允许窜动量/mm	
	向一侧	向两侧
10 及以下	0.50	1.00
10～22	0.75	1.50
30～70	1.00	2.00
75～125	1.50	3.00
125 以上	2.00	4.00

4.2.2 常见故障检修实例

例 4-12 电动机无法启动的检修

一台 JO2 型 55kW，220V/380V，1465r/min 电动机拖动联轴转动多台面粉机械，一日，10kV 配电线路检修停电，恢复送电以后，该电动机经几次启动因转速偏低无法启动起来，卸掉皮带单独启动电动机，电动机启动和运转一切正常。

电工现场检查后进行分析，从电动机负载启动困难或无法启动，而空载时启动和运转一切正常，可以初步认定电动机和启动器无毛病，它们本身不是引起启动困难的原因，而引起故障（事故）的原因为：

① 负载过重或有机械卡阻。

② 电源电压太低。

③ 导线截面选择不当，阻抗大，启动时电动机的端电压太低，使启动转矩不足。

以上 3 种因素中，任何一种都可能引起电动机在负载的情况下难以启动。根据分析，首先测量了低压配电盘上的电源电压，经测量电源电压在 370V 左右，而且三相电压基本平衡。因此，首先排除了电源电压偏低因素。因为电动机与负载是配套的，过去在长期的生产过程中运行情况正常，未发现过任何过载的情况。为防止有机械卡阻，检查了皮带的松紧，认为皮带的松紧适中，并进行了手动盘车，未发现任何机械卡阻的现象。另外，内部和外部的低压配电线路也未做任何改动，因此，第三种可能引起本故障的原因也是不存在的。

为了慎重，又测量了电动机启动时的端子电压，经测量电动机端子电压只有 200V（经自耦启动器降压 70%）。电动机的转矩是与外施电压的平方成正比，电动机的启动转矩 M_Q 必须大于机械的初始静态力矩，电动机方可正常启动，该机械设计初始静态力矩，即电动力的启动力矩 M_Q 为电动机额定力矩 M_e 的 50%，JO2 型 55kW 感应电动机在全电压下的启动转矩 M_{Qe} 是其额定转矩 M_Q

的 1.2 倍，根据公式

$$\frac{M_Q}{M_{Qe}} = \frac{U_Q^2}{U_N^2}$$

$$U_Q = \sqrt{\frac{M_Q}{M_{Qe}} U_N^2}$$

式中　U_Q——电动机启动时的端子电压；

　　　U_N——电动机的额定电压；

M_Q，M_{Qe}——对应于电压 U_Q、U_N 下的启动力矩。

计算 U_Q 应不低于 245V。当电压降低到 200V 时，电动机的启动转矩只有额定转矩的 34% 左右，远小于该机械所需的启动初始静态力矩，此时，应用公式对启动时导线上的电压降 ΔU 进行初步计算

$$\Delta U = \sqrt{3} K^2 I_Q (R_0 \cos\phi + X_0 \sin\phi) L$$

式中　K——自耦启动器变比，取为 $K = 0.7$；

　　　I_Q——电动机在气压下的启动电流，取为额定电流的 6.5 倍，约为 630A；

R_0，X_0——线路单位长度的电阻及感抗，分别取 $R_0 = 0.92\Omega/\text{km}$，$X_0 = 0.334\Omega/\text{km}$；

　　　L——线路导线的长度，$L = 0.3\text{km}$；

　　　$\cos\phi$——0.4；

　　　$\sin\phi$——0.7。

计算结果导线上的电压降 $\Delta U = 108\text{V}$，推算到电动机的端子启动电压约为 185V。

计算出的电动机启动时端子处电压为 185V 小于实测值 200V，这是由于导线上的电压降 ΔU 比较大，加到电动机端子处的电压已经不是额定电压 70%，而是大大小于此值的一个电压。在这个启动电压作用下，启动电流已经是一个大大小于 K^2、I_Q 的值。但启动电流也决不等于 $\frac{200^2}{380^2} I_Q$，因为端子电压过低时，所引起的负载电流分量的增大的数值大于励磁电流分量减少的数值，所以启动电

流值是小于 $0.72I_Q$，大于 $\frac{200^2}{380^2}I_Q$，而介于两者之间的一个数值。

这个启动电流在导线上所引起的电压降 ΔU，将小于 108V，所以电动机启动时端子处电压大于 185V，达 200V 左右是正确的。从理论计算证明，的确是电源电压低，造成无法启动。当向供电部门了解时，这次检修改变了运行方式。该厂没有配备无功补偿电容也是造成不适应电源电压波动的原因。

故障处理方法如下：

① 采用降压启动的较大容量的电动机，应根据生产机械的启动初始静态力矩，计算满足启动转矩端子的启动电压。

② 选择导线前，应首先计算正常运行和启动时的电压降。

③ 供电部门改变供电方式，应事先通知有关用户，并应根据用户的电气设备进行必要的计算，应满足用户的供电质量要求。

④ 动力用均应配备无功补偿电容，就地补偿，对电网和用户都有好处。

例 4-13 笼型电动机转子断条转速降低的检修

一台 JO 型 10kW 电动机拖动 15cm 左右的离心水泵抽水浇地。一日运行人员突然发现电动机转数下降，出水量减少。经检查，还发现电动机比平常振动剧烈，温度比正常时稍高，但不严重。为此，请电工予以检查处理。

按经验运行着的电动机突然发生温度增高、转数降低的原因有如下：

① 电动机缺相运行。

② 电源电压偏低。

③ 负载过重。

但上述 3 种情况都不会使电动机振动加剧，因此不是引起本事故的原因。电动机发生振动通常是由于转子所受转矩不平衡。电动机转子所受转矩不平衡的原因：一是绕组内部错接线，该电机是正常使用的电动机，不会存在接线错误，可以排除。二是定子绕组短路，而绕组短路不仅使电动机发生振动，还会发热冒烟，但该电动机只比正常温度稍高，而无冒烟现象。因此也可排除。三是定子绕组一相中的几路并联，支路中有断路或者是笼型转子断条，可以通过测量定子电流来确定。定子电流不平衡，但不作周期性摆动，是因为定子绕组有断路；定子电流不平衡，并作周期性摆动，则是转子笼型断条。拆开电动机检查时会发现转子断条处一般有烧黑的痕迹，用手触摸转子，温度比较高。

转子笼型断条有下述现象：启动转矩下降，满载转速明显降低，转子发热，电动机电流不平衡，并作周期性摆动，机身发生轻微振动；断条严重的不能带负载启动，满载运行振动剧烈，并发生较大噪声。

检查转子断条的方法：利用笼型铝条或铅条通上强电流后就产生磁场，磁场能吸引铁粉的原理，用一台交流电焊机，在电焊机的铁芯上穿绕 $1 \sim 2$ 匝 $10 \sim 25 mm^2$ 的软线，使绕后的软线两端有 2V 左右的电压，并将该电压加在棒条两端，将铁粉散布在转子表面，可以发现未断条部分的转子铁芯能吸引铁粉。若发现某一根转子棒条处铁粉很少甚至没有，就说明这里有断条故障。经过详细地对电动机检查，证明发生故障就是因笼型断条造成的。

笼型转子比较坚固，故障很少，但有时也出现断条现象。断条以后，转子导体内感应的总电流小了，并且不对称，使得电磁转矩下降，转速降低。同时，定子电流波动，电动机出现振动等现象。

断条故障一般发生在棒条与短路端环连接处，其原因如下：

① 电动机频繁启动或重载启动。启动时，转子导条承受很大的热应力和机械离心力，最易使棒条断裂，尤其是对二极高速电动机（接近 3000r/min）。

根据计算与测量，启动时，棒条短时温度可达 $300^{\circ}C$，温升速度很快，使棒条机械强度迅速下降。由于电流的集肤效应，沿棒条高度方面电流分布是不均匀的，因而存在一个大的温差，可达几十摄氏度，使棒条产生热应力。另外，由于漏磁的作用，使棒条产生很大的电磁力，这个力与电流平方成正比，把棒条拉向槽底，并以电流的二倍频率振动，使棒条疲劳断裂。启动频繁或重载启动，使这种作用加剧。

② 冲击性负载的影响。由于冲击性负载（如空压机等）或振动剧烈的机械负载，使棒条和端环在运行时受到冲击和振动而导致断裂，如图 4-7 所示。

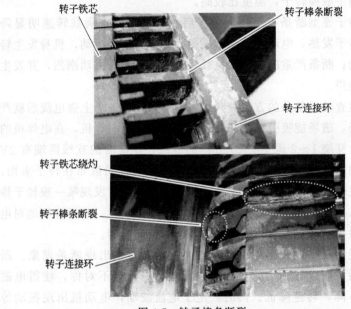

图 4-7 转子棒条断裂

③ 制造质量不高、棒条与端环焊接不牢等。

棒条断裂故障点的寻找，一般在抽出转子后用肉眼就可以看出，必要时，可以转子上撒些铁粉，然后在端环两端通以低压电，便可明显地看出断条痕迹。其次，还可采用如下简便的方法：在定子上加三相电压（约为额定电压的 10%），用手拨动转子，如果转子有断条，定子电流将会循环变化（但应注意，气隙不均也会有这种现象）。

该故障处理方法如下：

① 购买机电产品一定要选购国家定型厂家生产的定型产品，严防使用仿制、低劣、假冒的机电设备。

② 为保电网和用户的安全供用电，选购机电产品时要保质量，使用维护要得当。

例 4-14　绕组断线造成转速下降

一台 Y 系列三相交流异步电动机，45kW，84A，380V，△形连接，采用△-Y 减压启动控制，曾经运行过一段时间，正常。这次启动仍正常，但运转约 10min，电动机明显发热，转速降低，声音异常。

从故障现象来看，似乎是绕组的一相断线。因为如前所述，△形连接电动机绕组一相断线，变成 Y 形连接运行，功率下降，也会出现这种现象。但如果是绕组的一相断线，那么 Y 形连接启动，不产生旋转磁场，电动机将不能启动。停机后，对 3 个绕组进行了具体测量，证明绕组完好。

为了准确地找出故障原因，对电动机进行了全面检查，直流电阻、绝缘电阻、电源电压均在正常范围内。带负载运行（注意：已是故障运行，运行时间应严格控制在最短时间内），用钳形电流表测得三相电流为：

$$I_U = 65A，I_V = 110A，I_W = 64A$$

三相电流极不平衡。进一步分析，这三相电流有一定规律，即 $I_U \approx I_W$，小于额定电流；$I_V \approx \sqrt{3}\,I_U = \sqrt{3} \times 65 = 112A$，大于额定电流。

这一结果正好是三相绕组△形连接电动机一相断线的情况。如图 4-8 所示（图中开关 Q 为△形连接运行状态），U1-U2 绕组不工作，就会出现上述这种情况，并且可以判断，故障不在电源外电路，而在 U2-W1 这段电路内。又由于 Y 形连接启动良好，因此 U1-U2 绕组不会断线，故障肯定出在 U2-W1 这段连线之间。

断开外电源，用万用表电阻挡测量 K1-K2 各段电阻，如图 4-8（b）所示，发现故障是转换开关 Q 的一相触头未接好。

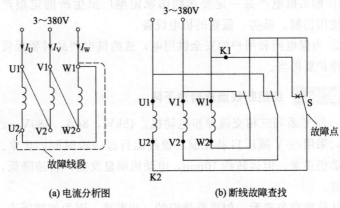

(a) 电流分析图　　　　　(b) 断线故障查找

图 4-8　电动机断线故障分析

至此，这一断线故障找到了，故障现象也就十分明显：电动机 Y 形连接正常启动以后，转入△运行，由于一相触头未接触好，造成 U 相断相的不对称△运行，U1-U2 绕组不工作，V1-V2 和 W1-W2 流过的电流（65A 左右），比正常时绕组的额定电流大得多，U 相线电流则为另两相电流的相量和（$\sqrt{3}$倍），达到 110A，比额定电流大，因而电动机转速降低，且明显发热。

从本例故障，我们可以得到以下两点启示：

① 认真做好电动机的运行监测工作以及日常维护和例行保养工作。若发现异常，则应对电动机进行故障诊断，有问题及时处理。

② 运用万用表法、绝缘电阻表法，或者其它方法定期测量电动机绕组的电阻值，及时了解绕组是否正常。

寻找断线点，首先是测量每相的直流电阻，判断出断线相别，然后进行下一步测量工作。其方法是：将并联绕组的一端分开，万用表一表笔接于绕组一端，另一表笔接一钢针，依次插入绕组线芯，电阻值从一定值到"∞"的交界点，就是断线点。断线点如果明显可见，焊好后可继续运转；如果断在槽内，急用时可用跳线法，将一部分线圈废弃。

例 4-15　电动机修理后不能正常启动的检修

据用户称，该电动机修理后出现不能正常启动现象。

经检查发现，这是一台 Y/△ 启动电动机，其各绕组线圈未发现有异常现象。根据经验，估计是绕组接线端子连接不正确（尤其是在电动机修理后）造成的。

电动机的接线盒内共有上、下两排共 6 个接线柱，它们交叉对应着电动机 3 个绕组的 6 个首末端接头，即 U1 与 V2、V1 与 W2、W1 与 U2 分别为一组，或者 U1 与 W2、V1 与 U2、W1 与 V2 分别为一组。接线时，先将接线盒中上排的 3 个接线柱 U1、V1、W1，通过接触器 K 的触头接线端子分别接电源对应的 U、V、W 三相，如图 4-9 所示。然后用万用表的欧姆挡进行检测，寻找各自的正确连接点，具体方法如下所述。

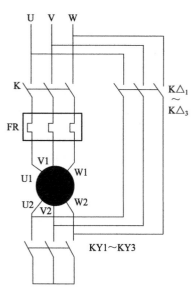

图 4-9　Y/△ 启动电动机连接线路

① 将万用表的一表笔接触 U1 端，用另一只表笔分别去接触下排的 3 个接线柱，此时应有一个接线柱与 U1 端相通，将该接线柱（即图 4-4 中设定的 V2）通过接触器 KA 触头接线端子接电源的 W 相。

② 同样道理，再将万用表的一只表笔接触 V1 端，另一只表笔分别去接触下排剩下的 2 个接线柱，并将与 V1 端相通的接线柱（即图 4-4 中的 W2）通过 K△ 触头接线端子接电源的 W 相。

③ 下排剩下的一个接线柱（即图 4-4 中的 U2）应该与上排的 W1 相通，它通过 K△ 触头的剩下端子接电源的 U 相就可了。

本例经采用上述方法，对电动机的 6 根引出线进行重新接线，确认无误后试机，电动机启动正常，问题得到解决。

必须指出，按照上述方法接线结束后，如果电动机启动时反转，则只要将电源进线处的某两相线互换一下，电动机就可恢复正转。

例 4-16 电磁调速电动机励磁绕组故障的检修

一台 JZT362-4 电磁调速电动机，其控制器为 JZT3 型，自安装使用以来，运行一直正常。某日开车时，控制器的熔丝熔断，几次换上新熔丝，依旧熔断，说明设备出现了严重故障。

JZT3 型控制器的电气原理如图 4-10 所示。当合上开关 S、接通电源以后，控制器的指示灯 H 亮。在开车时，异步电动机 M 启动正常，控制器也没有异常现象。当操作调速电位器 RP 欲投入励磁以改变转速时，FU 立即熔断。

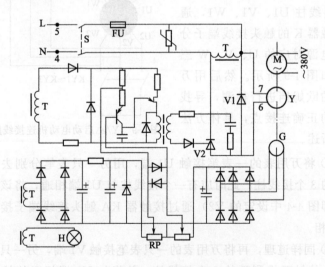

图 4-10 JZT3 型控制器电气原理图

根据上述现象分析，可能是控制器内部有问题，便开始对控制器进行检查。

首先把二极管 V1 和晶闸管 V2 从线路板上焊下，用万用表分别进行检查，均正常。此后又检查了移相、脉冲等有关元件，各部分也都正常。然后将控制器的直流输出端子 6、7 与电磁离合器 Y 的励磁绕组断开，带上假负荷（220V、200W 的白炽灯泡）做试验，结果输出正常，调节平滑，白炽灯亮度随调节而变化，FU 不熔断，证明控制器没有问题。由此可以断定故障出在电磁离合器 Y 的励磁绕组上。经从端子 6、7 测试励磁绕组，发现励磁绕组已发生匝间短路，所以当操作调节 RP 导通 V2 时，便产生了短路电流，熔断 FU。

把电磁离合器 Y 的励磁绕组拆下来，注意不要碰坏测速发电机 G 的绕组，并妥善保管各零部件，然后按着励磁绕组的数据重新绕制，待浸漆烘干后按原位装在 Y 上，并用环氧树脂浇灌固定以防松动。按以上方法处理安装后，运行正常。

在 JZT、JZT2 和 YCT 等系列调速电动机的使用中，如遇相似故障，也可参考修复。

◆ **例 4-17** **电动机在一次停电后再次启动时声音异常，振动大**

某电动机在一次停电后再次启动时，出现启动声音不正常，振动比较大。

电动机发出的声音大致可分为电磁噪声、通风噪声、轴承噪声和其他接触声音等，监听这些噪声的变化，大多数能将事故在未形成前检查出来。

（1）轴承噪声　监听声音可使用在市场购买的听音棒（棒的一端安装有共鸣器），也可以使用螺丝刀或单根金属棒来判断轴承的声音，如图 4-11 所示。

① 正常声音——没有忽高忽低的金属性连续声音。

② 护圈声音——由滚柱或滚珠同护圈旋转所产生轻的"唧哩唧哩"声，含有与转速无关的不规则金属声音。这种声音如在添加润滑脂后，变小或消失，对运行没有影响。

③ 滚柱落下的声音——这是卧式旋转电机中发生的、在正常

图 4-11 听轴承有无噪声

运转时听不见、转速低时可听得到、在将要停止时特别清楚的声音。这种"壳托"样声音对运转无妨碍。

④"嘎吱嘎吱"声——多数是在滚柱轴承内发出的声音。"嘎吱嘎吱"声多在添加润滑脂后就会消失。出现了"嘎吱嘎吱"声而没有同时出现异常的振动和温度时，机器仍可照常使用。

⑤ 裂纹声——轴承的滚道面，滚珠、滚柱的表面上出现裂纹时发出的声音，它的周期同转速成比例。轴承发生裂缝时，必须在发展到过热、烧结以前就迅速地更换。

⑥ 尘埃声——是在滚道面和滚柱或滚珠间嵌入尘埃时发出的声音。尘埃声发生后应把轴承部件拆开，清洗干净，同时清除润滑脂注入口的污垢、润滑脂注射枪的污垢等，以便消除再引起堵塞的原因。

(2) 电磁噪声　一般的电动机内部总是或多或少地有电磁噪声，当切断电源时就会消失。电磁噪声多数是电磁振动与外、定子铁芯共振发出的声音。引起电磁噪声较大的因素有气隙不均匀、铁芯松动、电流不平衡、高次谐波电流。

(3) 转子噪声　转子噪声通常是风扇声、电刷摩擦声，偶尔会发生像敲鼓那样大的声音。这是在骤然启动、停止，特别是频繁进行反接制动再生发电制动时，由于它在加、减速度时生产转矩，使铁芯和轴的配合松动，与键严重擦碰而发生。

此外，同工作机械的连接部分，例如：联轴器或皮带轮的轴瓦与轴的配合太松；联轴器螺栓的磨损、变形；齿轮联轴器里的润滑油不足和牙齿磨损；皮带松弛、磨损。这些因素都有可能引起电动机噪声。

为了判断本例故障的大概原因，检查相应的定子、转子回路，未发现有明显的异常，再次启动后，异常声音、振动仍不能消除。不带负载试电动机，异常的声音和振动仍然存在，但断电以后，振动和噪声立即消除。

据此现象初步判断问题可能出在电动机上。用一只同型号、同功率的电动机换上，电动机工作正常，但用户使用了约 1 个月后，告知上述故障现象再次出现，故障现象完全一样，断电后故障又立即消失。2 台电动机出现同样的故障，说明有隐患未排除。

抽出电动机转子，给定子线圈加上 380V 的交流电压，约 5min 后，有一线圈发热，说明电动机定子线圈有匝间短路现象。

接下来对定子线圈进行加热，拆卸短路线圈。该线圈是 2 根并绕，共 7 层 14 根扁铜线，其中第 4 层 2 根铜线因为玻璃丝带绝缘材料破损，造成线圈短路。

由于该电动机定子线圈浸漆质量好，线圈无法从槽里整体取出，考虑到所短路的线圈处于上层线圈的直线部分，只要剪断匝间短路的线圈，取出线圈的直线部分，然后用一个好线圈的直线部分两端对接，处理好两端的绝缘即可。根据上述思路，先将匝间短路的线圈去除，再用一只好的线圈直线部分将两端对接好，并使其良好绝缘。

本例的修理方法是修理电动机局部线圈损坏较常用到的方法，通常称其为"掉线法"。实际上，该电动机的定子共有 36 槽、72 个线圈，去掉一个匝间短路的线圈后电动机运行电流三相不平衡的比例只有 5% 左右，对正常的使用不会产生较大的影响，仅有轻微的振动，且可以长期使用下去。实际使用情况也证明了这一点。

例 4-18 电流不平衡引起电动机空载剧烈振动的检修

某电工对电动机进行检修保养，检修后通电试运转时，发现一台 TO2 型 17kW，4 极交流电动机的空载电流三相相差 1/5 以上，振动比正常时剧烈，但无"嗡嗡"声，也无过热冒烟，电源电压三相之间相差不足 1%。

空载电流不平衡，三相相差 1/5 以上，而影响电动机空载电流不平衡的原因是：

① 电源电压不平衡。

② 定子转子磁路不平均。

③ 定子绕组短路。

④ 定子绕组接线错误。

⑤ 定子绕组断路（开路）。

经现场观察，电源三相电压之间相差尚不足 1%，因此不会因电压不平衡引起三相空载电流相差 1/5 以上。另外，仅定子与转子磁路不平均，也不会使三相空载电流相差 1/5 以上。其次，定子绕组短路还会同时发生电动机过热或冒烟等现象，可是本电动机既不过热，又未发生冒烟，可以断定定子绕组无短路故障。关于绕组接线错误，对于以前使用正常，只进行一般维护保养而未进行定子绕组重绕，不存在定子绕组连线错误的问题。经过以上分析和筛选，完全排除了前 4 种原因。

经过分析定子绕组断路情况，当定子绕组为△形连接时，若某处断路，定子绕组将成为 Y 形连接，由基本电工理论可知，A 相电流大，B、C 二相电流小，且基本相当。此时，若定子绕组接线正确，定子绕组每相所有磁极位置是对称的，一相整个断电，转子所受其他两相的转矩仍然是平衡的，电动机不会产生剧烈振动。但本电动机振动比平常剧烈，而电动机振动剧烈是由转子所受转矩不平衡所致，因此可断定三相空载电流相差 1/5 以上，不是由于定子绕组整相断路所致。如图 4-12 所示，如果 B、C 相绕组在 y 处断路，三相负载电流仍然是 A 相大，B、C 二相小，并且此时转子所受转矩不平衡，电动机较正常时振动剧烈。这是因为，在 y 处不发生断路时，双路绕组在定子内的位置是对称的；若 y 处发生断路，原来定子绕组分布状态遭到破坏，此时转子只受到一边的转矩，所以发生振动。从以上分析可以确定，这台电动机的故障

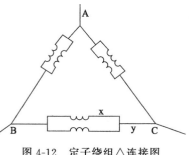

图 4-12 定子绕组△连接图

是定子双路并联绕组中有一路断路，引起三相空载电流不平衡，并使电动机发生剧烈振动。

电动机定子绕组断路大致有以下几种原因：

① 制造时焊接不良，使电动机在使用中发生绕组线圈接头松脱。

② 机械损坏，如绕组受到碰撞或受其他外力拉断。

③ 电动机绕组短路没有及时发现，在长期运行中导线局部过热而熔断。

④ 并绕导线中有一根或几根导线断线，另几根导线由于电流密度增加，引起过度发热而最后烧断整个绕组。因此要避免类似故障的发生。

a. 要提高电动机的制造和绕组重绕大修的质量，焊接时要杜绝虚焊，制作线圈时要防止线圈断股，嵌放绕圈时要十分注意绝缘的处理，防止绕组短路或断路。

b. 电动机检修解体或组装，要防止机械损伤绕组。

c. 一旦发现三相电流严重不平衡（超过 10%），应立即停机检查找出原因，防止事故扩大。

例 4-19 电动机运行中有异常 "嗡嗡" 声的检修

三相外输泵电动机运行中有 "嗡嗡" 的异常声音。

电动机在运行中出现 "嗡嗡" 的异常声响故障，既可能是电动

机本身有绕组短路引起的，也可能是供电线路有问题造成的。可围绕这两方面进行检查，先用仪表检查一下电动机的绝缘电阻，排除电动机绕组漏电或绝缘性能下降的可能性。

拆开电动机的接线盒，去掉连接片，用绝缘电阻表测量得到各相间绕组的电阻值约为 100MΩ，每相绕组与地（对外壳）之间的电阻约为 60MΩ，基本正常，说明电动机的线圈绕组没问题。

将三相电缆线（指连接电动机的这一段电缆线）短路，在电缆线的另一端用摇表检测，电缆线是通的，说明无断线现象。

将电动机的连线恢复好，通电以后按启动按钮，测量交流电压，结果测得 A 与 B 相间电压为 380V，A 与 C 相间电压仅约 120V，B 与 C 相间电压也仅约为 120V，说明 C 相电压有问题。

经检查发现，C 相电缆铜芯线大多数已断。更换同一规格电缆线后，电动机平衡运行，被故障排除。

该三相电动机电缆线采用三相四芯制配电方式，铜芯尺寸为 16mm^2，由于其大多数线已断，使芯线电阻变大，压降变大，导致电动机缺相运行，从而导致了上述故障。缺相运行对电动机的危害极大，如不及时发现，会导致电动机绕组烧毁。

例 4-20　共振造成电动机短路故障的检修

某泵站内共有 4 台立式混流泵，配 440kW、6kV 高压电动机。送电时，4 台泵空载试车。当时发现 ♯4 泵电动机有异常振动，随着试车时间的延长，振动越来越厉害。为检查原因，将 ♯4 电动机装到 ♯3 电动机位置。再试车，发现无振动，确定 ♯4 电动机本身无毛病。然后，安装单位将 ♯4 电动机重新安装校正，随后空载试车。开车后 3～4min，突然听到爆炸声，引起大面积停电。

电动机异常的振动与响声，一时也许对电动机并无严重的损害，但时间一长，将会产生严重后果，因此一定要及时找出原因，及时处理。首先应检查周围部件对电动机的影响，然后，解开传动装置（联轴器，传动带等），使电动机空转。如果空转时不振动，则振动的原因可能是传动装置安装不好，或电动机与工作机械的中心校准不好（如图 4-13 所示），也可能是工作机械不正常。如果空转时，振动与响声并未消除，则故障在电动机本身。这时，应切断电源，在惯性力的作用下电动机继续旋转，如果不正常的振动响声立即消失，则属于电磁性振动，应按上面叙述的原因一一查找后排除。

图 4-13　校正联轴器

通过对♯4 电动机检查发现，接线盒内某一相瓷质接线柱炸碎，线头烧坏，其他两相也有被烧痕迹，电动机接线盒罩有熔化现象。经分析，因电动机振动厉害，引起线头松动、冒火，产生高温，使绝缘性能降低，时间长了形成短路。再因继电保护配合不当，泵站内的继电器未动作，而上一级区域变电站跳闸，从而造成大面积停电。

为查明电动机振动原因，用超声波进行测量，♯1、♯2、♯3 泵均正常，但♯4 泵建筑处的固有频率正好处于电动机转动所引起的振动频率范围之内，形成共振。对钢筋混凝土梁做超声波测量，发现♯4 泵电动机座的两根钢筋混凝土梁有蜂窝状缺陷，导致被损建筑物的固有频率与电动机转动频率相一致，造成共振。

对电动机座下面的钢梁进行了加固，增加了约 1.2t 的钢筋混凝土和钢板。随后进行空载和带负载试车，均正常。

例 4-21　绕组匝间短路引起电动机外壳发热的检修

有一台三相交流异步电动机，启动正常，但运转半小时左右，电动机外壳明显发热，无其他特别表现。

电动机过热往往是电动机故障的综合表现，也是造成电动机损坏的主要原因。电动机过热，首先要寻找热源，即由哪一部件的发热造成，进而找出引起这些部件过热的原因。三相异步电动机温升过高的分析程序如图 4-14 所示。

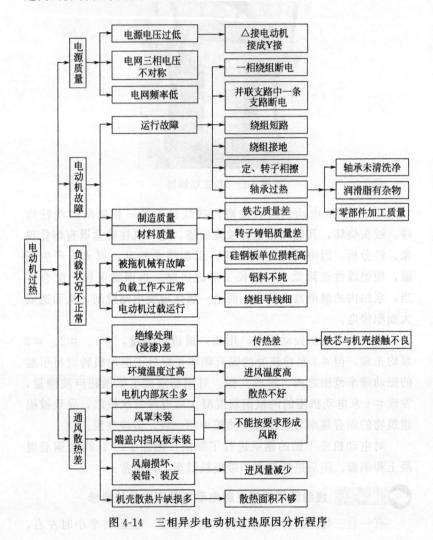

图 4-14　三相异步电动机过热原因分析程序

　　本例故障由于是电动机整体过热，因此不可能是轴承的故障；另外，已经运行了半小时，并基本正常，不可能是缺相运行、绕组一相反接、绕组接错等。可能性最大的，一是电源电压过高或过低，或不平衡；二是绕组匝间短路或接地；三是铁芯短路；四是过载。针对这几种可能，具体检查如下：

　　① 测量三相电压，均为 375V 左右，正常。

　　② 测量三相电流，均接近额定值，不过载，但有近 10％的不平衡。

　　③ 测量绕组对地及绕组间的绝缘电阻，均在 50MΩ 以上，绝缘良好。

　　通过以上测量说明，故障的最大可能是匝间短路和铁芯短路故障。从三相电流不平衡来看，匝间短路的可能性更大。检查绕组匝间短路比较简单的方法是测量直流电阻，测得结果如下：

$$U1－U2\ 相，1.728\Omega$$
$$V1－V2\ 相，1.542\Omega$$
$$W1－W2\ 相，1.719\Omega$$

其中，U 相和 W 相电阻相近，V 相电阻偏低。其最大偏差为

$$\frac{R_{max}－R_{min}}{R_{av}}\times100\%$$

$$R_{av}=\frac{1.728＋1.542＋1.719}{3}=1.663\Omega$$

最大误差为

$$\frac{1.728－1.542}{1.663}\times100\%=11.2\%$$

　　误差超过 10％，说明 V 相绕组存在匝间短路。经测量三相空载电流均在 14％以下，说明铁芯良好无故障。因此，可得出结论：绕组存在匝间短路是电动机明显过热的原因。如不及时修理，电动机可能烧毁。

　　该故障处理如下：

　　① 匝间短路使绕组三相阻抗不相等和三相电流不对称，使电

动机振动加大。电动机发生匝间短路故障后，在故障处因电流大，会使绕组产生高热将短路处的绝缘烧坏，导线外部绝缘老化焦脆，可仔细观察电动机绕组有无烧焦痕迹和浓厚的焦臭味，据此就可找出短路处。

② 用电桥或万用表分别测量三相绕组的直流电阻，相电阻较小的一相有匝间或极相绕组两端短路现象。当短路匝数较少时，反应不很明显。

③ 将电动机转 20min（对小电动机空转 1～2min）后停机，迅速打开端盖，用手摸绕组端部，若有一个或一组绕组比其他绕组热，就说明这部分绕组有匝间短路现象存在。也可仔细观察绕组端部如有焦脆现象，即表明这只绕组可能存在短路故障。如在空转时发现绝缘焦味或冒烟现象，应立即停转。

④ 也可短路侦察器法确定绕组的匝间短路点。

例 4-22　电动机因为散热不良烧毁的检修

一台拖动轧花机的 J 型交流感应电动机冒烟烧毁，熔丝熔断。

该电动机安装后运行情况良好，但半年以后，操作人员发现该电动机的温度比正常情况偏高，而且随着使用日期的增加，电动机的温度比正常情况的温度越来越高，操作人员请电工检查，也未发现其他异常情况，电工认为电流、电压、转速、声音均正常，就告诉操作人员继续使用。在继续使用几天后，电动机冒烟烧毁，熔丝熔断。在电动机解体后，发现通风道残留有未烧毁的棉絮。

电动机在电压正常，在负荷电流大于额定电流的情况下，温升超过允许值，引起电动机过热而烧毁的原因，大都是通风不良，影响电动机的散热造成的。该台电动机通风道残留未烧毁的棉絮，说明是因棉絮堵塞通风道，影响散热而使电动机温升增高，并随着使用日期的增加，堵塞的程度越来越严重，散热的条件越来越恶劣，温升越来越高，以致使电动机的温升超过了它的允许值，最后引起电动机的烧毁。

电动机冒烟烧毁引起短路而使熔丝熔断。

电动机烧毁后，在解体以后从电动机绕组烧毁的情况进一步验证了烧毁的原因。若是电动机绕组线圈局部短路或接地，绕组烧毁的是局部位置。电动机过负荷（电流值大于额定电流）和温升超过允许值，烧毁的情况是定子绕组全部，绝缘全部烧煳。该电动机负荷电流没超过额定值，绕组全部烧毁，并残留有未烧毁的棉絮，因此可以断定是通风道堵塞，电动机散热差使温升增高，最后烧毁。

电动机热短路的常见原因有：

① 环境温度偏高。当环境温度偏高（一般超过 35℃）时，电动机散热效率降低，这时若不降低电动机的输出功率，电动机的温度将升高。

② 电动机内部与外壳灰尘过多，影响了散热。

③ 风扇损坏或风扇装反了，冷却风量减少。

④ 电动机排出的热风不能很快地散开、冷却，又立即被电动机风扇吸入内部，造成热循环使电动机过热。

为避免同类事故发生，应采取下列措施。

① 凡是粉尘比较多的场所，不应使用开启式或防护式（J 型）电动机。

② 应经常吹刷清扫电动机通风道的灰尘杂物，使电动机的通风散热保持良好的状态。

③ 一旦发现电动机的电压正常、负荷电流未超过额定电流值，温升增高等应停机检查，必要时应解体检查清扫。在未查清温升增高的原因前，千万不要盲目开机生产。如确定是通风不良，清扫后开机，仍应加强运行监视，开机加负荷 2h 以后，温升不再增高，方可认为故障已经排除。

例 4-23 电动机过热被烧毁的检修

有两台电动机因过热被烧毁。

第一台电动机烧毁的经过：通风机电动机以前运行一直正常，由于使用日久按规定进行保养。重新运行时，热继电器约 1h 动作一次（根据生产用气所需，通风机为间断性工作）。为此，电工检查电源、连接部位、各控制元件，结果均属正常，用钳型电流表测量，发现电动机运转时工作电流有时略高于额定电流。进一步检查发现，电动机传动带过紧，手摸电动机皮带轮部分，温度明显高于其他部位。

电工建议调整电动机位置，适当放松皮带，但操作人员以皮带松了出力不足，影响炉温为由不予采纳。在此情况下电工只好根据工作实际提高了热继电器的整定电流，调整后热继电器的工作时间虽略有延长，但不久电动机就因轴承损坏而烧毁，同时烧毁损坏的还有 C 相熔断器熔丝和热继电器。

第二台电动机烧毁的经过：上述故障排除后，第二台电动机投入运行。运行中，热继电器仍有动作现象，并随着工作时间的增多，动作次数也随之增加。电工检查三相电源电压均正常，接触器二次控制线路连接完好，三只螺旋式熔断器无正常熔断现象。钳工检查通风机机械负载部分，无卡住及皮带过紧现象。在查不出热继电器的动作原因，故障点未排除的情况下，采用热继电器动作时操作人员手动复位进行工作。如此循环几个班次后电动机烧毁。

事故后检查发现，输入电源低压断路器 C 相触头紧固螺钉松动，并被产生的高温粘连在一起，触头底部胶木烧焦炭化，整个触头发黑产生氧化层。

① 第一台电动机烧毁原因：在电动机的传动部件中，轴承的工作环境最为恶劣，轴承在负荷力作用下各零件将发生一定变形，对于皮带传动的机械，满负荷时作用在轴承上的皮带拉力很大，皮带过紧不仅可以将轴拉弯，而且加剧轴承的损坏。由于轴承损坏卡死，造成电动机堵转，使电动机电流急剧增大，热继电器来不及动作便使 C 相熔丝熔断，致使电动机缺相运行烧毁。

② 第二台电动机烧毁原因：线路连接中的接头经常受到频繁启动电流、短路电流的冲击，从而导致其接触电阻变大。接触电阻愈大，导体的温度随之也愈高。当温升超过接头的允许范围时，原来紧固状态的接头便产生松动及永久性机械变形，致使接头的接触电阻更加增大，并产生氧化层。氧化层就好像一个电阻串联在线路

中，当导线中电流为零时，电阻上的电压降也为零（$U=IR$）。电动机启动后，由于电阻也通过电流，因而在电阻上形成了电压降。随着工作时间的延长，电阻进一步增大，温度急剧上升；当电阻很大时，电压几乎全部降落在这个电阻上，这时实际只有两相电源供电，电动机仍为缺相运行，最终导致电动机烧坏。

例 4-24　进线电压太低造成连续烧电动机的检修

某厂♯2泵站事故池装有两台砂泵电动机，型号为Y315M4-6，135kW，用于事故池尾砂的扬送。正常情况下，一台工作、一台备用。电动机距低压配电室约100m，整个泵站的低压电源由两台分别接于两段高压母线的变压器提供，平时用一路进线，另一路备用。

某日，一台修复过的电动机开车不到半小时就保护跳闸动作。经检查，电动机发烫严重，并伴有焦臭味。因是修复回来的电动机，怀疑是修理质量的原因。为急于应付生产，使用另一台电动机工作，观察电流表指示为210A，属正常范围。可运行不久，电动机发烫，不久又保护跳闸。经检查，电动机对地击穿，情况与第一台相似。因这台电动机摆在地下室时间较长，怀疑受潮所致，便又拆了一台新电动机装上去。开始电流指示符合要求，运行无杂音，可开车2h不到，保护又动作，电动机对地又击穿，且发烫严重。

由于连续烧坏电动机，电动机本身的因素可以排除。因电工、操作工都反映电流表指示未超过额定值，起初怀疑是管路堵塞、负荷太重所致，经检查没发现任何问题。开车测量检查，从电动机接线盒处测得三相线电压 U_{AB}、U_{AC}、U_{BC} 分别为340V、342V、337V，线电流 I_A、I_B、I_C 分别为340A、345A、337A，均不符合要求，而此时机旁电流表的指示为210A，与实际严重不符。因低压供电电缆较长，便到低压配电室出线处测量，线电压为350V，电压严重偏低，观察电压互感器，高压指示为670V。

由检查测试的数据可以得出结论：连续烧电动机是由于进线电压太低，变压器分接头又处于高挡位，进一步恶化了二次侧电压，加上机旁电流表的误指示，使维修人员放松了警惕。由于事故池尾矿量不太稳定，时大时小，操作工根据电流表的指示将进出闸门开得较大，造成电动机严重过负荷而烧坏。

对此，当即与变电站联系，改用另一线路工作，又将备用的变压器分接头由 6.3/0.4 换到 5.7/0.4，测得低压侧空载电压为 390V，符合要求。启动后测量电压、电流，一切正常。

① 电源电压的质量不可忽视，偏高或偏低都将给电气设备带来致命的影响。

② 应重视保护设备的动作信号；保护整定值，不得随意调整。

③ 不得盲目相信现场电流指示。因电动机启动冲击电流大，多次的启动会使表芯的游丝产生机械疲劳和弹性惰性，特别是电流表的量程与设备配置不合理时，情况更为严重，即出现大电流小指示现象，容易造成误判断。平时应定期用测量表进行核验，发现误指示，及时更换。

④ 互为备用的变压器，其分接头最好放在不同的挡位，这样可以根据进线电压的高低作相应的切换。低压用电设备机旁应装有电压表，便于观察了解线路电压情况。

⑤ 传统的热继电器保护有其局限性，应大力推广电动机综合保护器，对电动机的过流、断相、接地等进行全面保护。

例 4-25　电动机只能正转而不能反转的检修

具有点动、正反转运行的电动机，出现只能正转不能反转的故障。

该电动机的控制电路如图 4-15 所示。

在正常情况下，当按下点动按钮 SB3 时，KM1 线圈得电，电动机正转，同时按钮又断开了 KM1 的自锁触点；当松开 SB3 按钮时，接触器 KM1 失电断开，电动机停转。如需长期使电动机运行，可按 SB1 按钮，此时接触器 KM1 得电吸合，KM1 自锁触点自锁，松开 SB1 按钮后电动机继续运转。在按下按钮 SB1 时，按钮 SB1 的另一组动断触点断开，这时即使按下 SB4 反转按钮，

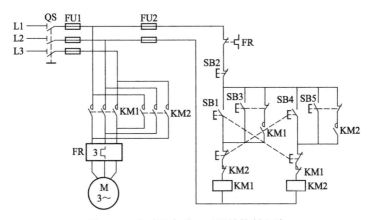

图 4-15　电动机点动、正反转控制电路

KM2 也不会得电吸合，从而组成按钮联锁机构。另外，KM1 的一组动断触点串联于 KM2 线圈回路中，接触器 KM2 的一组动断触点又串联于 KM1 的线圈回路中，组成了接触器互锁机构。

　　根据上述原理可知，该电动机只能正转不能反转的故障原因有：

　　① 按钮 SB4 按下后，动断触点断不开 KM1 回路或动合触点接不通 KM2 线圈回路，点动按钮 SB5 动合及动断触点接触不良。

　　② 正转按钮 SB1 动断触点闭合不好。

　　③ 接触器 KM2 线圈烧断或机械动作机构卡住。

　　④ 接触器 KM2 主触点闭合不好。

　　⑤ 与接触器 KM2 线圈串接的 KM1 互锁动断触点闭合不好。

　　⑥ 接触器 KM2 自锁触点接触不良。

　　按照上述对故障原因的分析，采取相应的处理方法。

　　① 断开电源，用万用表电阻挡测按钮 SB4 动断触点在通常情况下是否闭合可靠，若不可靠则要更换按钮。如正常，要测按钮在按下后动合触点是否能可靠接通线路；若不能，则需更换按钮。同时，可测试按钮 SB5 动合触点与动断触点是否损坏，若损坏需更换按钮。

② 用万用表电阻挡在断开电源情况下，测按钮 SB1 动断触点是否在通常情况下能可靠闭合，如不能可靠闭合要更换按钮。

③ 用万用表电阻挡测 KM2 线圈是否断线，若断线时，要更换线圈；如果线圈正常，则要检查接触器动作机构是否灵活，若不灵活要更换接触器。

④ 打开接触器 KM2 灭弧盖，检查动、静主触点，若接触不良或烧断，要更换动、静触点。

⑤ 用万用表电阻挡在断开电源情况下，对接触器 KM2 线圈所串接的 KM1 互锁动断触点进行测量，若接触器 KM1 在常规释放情况下，互锁触点 KM1 接不通线路，可再并接另一组 KM1 动断辅助触点。

⑥ 检查 KM2 接触器的辅助动合自锁触点，若触点上有异物或触点变形接触不良，要擦拭自锁触点，也可再并接另一组 KM2 动合触点来解决接触不良问题。

本例故障是因为 KM2 接触器的辅助动合自锁触点接触不良导致，对触点进行修理后故障排除。

例 4-26 电动机能启动但不能自停的检修

操作点动按钮能正常启动电动机，但松开按钮后电动机却不能自停。

对照图 4-15 所示电路进行分析，导致该故障的原因可能是接触器 KM1 或 KM2 释放慢。

首先检查是否操作方法不当引起的故障。正确的操作方法是操作点动按钮 SB3 或 SB5，在电动机启动后又需停车时，慢慢松开按钮，才能起到点动的效果。如果松开按钮速度过快，在松开按钮的瞬间，虽说已把按钮动断触点断开，但由于接触器还未来得及释放，这时接触器的自锁触点还继续导通，如果按钮动断触点一旦过快闭合，将会使接触器通过点动按钮 SB3 或 SB5 的动断触点与接触器自锁触点连接导通，从而再一次保证接触器继续维持吸合。因此，操作点动按钮松开速度要放慢些。

通过反复试车，排除了操作方法不当导致的"假故障"。

接下来检查接触器 KM1 和 KM2，基本正常。又通过多次试车观察，发现接触器 KM2 在松开按钮后释放较慢。拆开 KM2，发现 KM2 衔铁极面不平整，用棉布擦光磨平，然后重新装配好，通电试车，故障排除。

本例故障是因为 KM2 衔铁极面不平整，使点动按钮动断触点在松开按钮后继续导通线路，使接触器继续保持吸合而造成的故障。

例 4-27 电动机不能进入全压运行的检修

一台 YA7232B 型蜗杆砂轮磨齿机，出现磨削出的齿轮齿形不整、精度无法达到合格要求的故障。

磨齿机的工作原理是：当砂轮主轴运转时，砂轮主轴所带的光栅发出信号，通过放大、移相、整形、齿轮齿数控制、数模转换等送到整流、逆变触发信号的推动级，通过变频器 U 使工件电动机达到与砂轮主轴相配套的转速，进行一定模数、齿数的齿轮工件磨削。现工件齿型不整，一般是由砂轮主轴与工件主轴在运行中达不到速比要求而引起的。从现场检查及测试情况看，机械、电气部分均正常。经分析，可能是输出电源被衰减。

由图 4-16 所示的主回路可见，引起这种衰减的主要原因有两种：一是工件电动机接线接触不良，二是降压启动电阻未被切除。经检查，原来是进入全压运行时，因切除降压启动电阻 R 的接触器 K 线圈断路，使工件电动机未能进入全压运

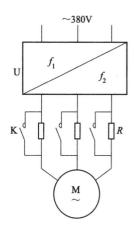

图 4-16　电源接线图

行，以致转速下降，达不到与砂轮主轴配套的速度。

更换接触器线圈后，磨齿机运行正常，磨削出的齿轮经检测完全合格。

例 4-28　Y-△启动器接线错误的检修

某提灌工程使用的一台 JO2-72-2 型三相异步电动机，配套 QX1-30 型启动箱作降压启动，安装后使用一年多，运行正常。后因夏灌需要，机手自己将电动机挪了个地方，并重新安装后，发现电动机星形启动时正常，当切换为三角运行时响声异常，电动机转速明显下降，数秒钟后热继电器动作，电动机断电停车。

现场询问机手是否动过电动机和启动箱接线，回答没有。于是不再考虑电动机的 6 根接线。从当时情况看，怀疑三角形运行时，电动机缺相运行，造成热继电器过流动作。就着手检查三角形运行时的交流接触器及连接导线、时间继电器、电流继电器等，均没有异常。此时只剩下电动机的 6 根接线未检查。于是动手核对电动机接线，发现电动机的一相线头、尾接反了，对调后试机，故障排除运行正常。

Y-△启动装置如何正确接线呢？现介绍用接触器、时间继电器、热继电器等元件组成的 Y-△启动维修后重新接线的方法。

如图 4-17 所示为 Y-△起动器主回路和控制回路。首先把 Y-△起动器接往电动机接线盒的 6 根外接线头从接线盒上拆下来，分开放好。当接通三相电源后，按启动按钮 SB、K1、K3 马上同时吸合，而 K2 尚未闭合，这时应该 3 个线头之间有电压，即通过 K1 动合触点，FR 伸出去的 3 个线头。用万用表 500V（AC）挡测试 6 个线头，将相互间有 380V（AC）电压的 3 个线头编号为 a、b、c。再将 a、b、c 线头分别接到电机接线盒 D1、D2、D3 上。D1、

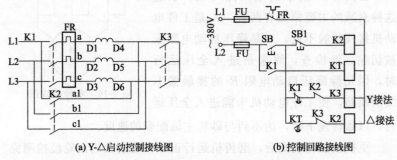

(a) Y-△启动控制接线图　　　　　　(b) 控制回路接线图

图 4-17　Y-△起动器主回路和控制回路

D2、D3 和 D4、D5、D6 分别为定子三相绕组的首、尾端，一般从标记上可以确认出来。

由于另外 3 个线头尚未与定子绕组端头连接，因此虽然加上了三相电源，但是电动机不会运转，同时由于 KT 的动合触点延时闭合，因此 K2 尚未吸合，也不会发生线路短路现象。从图中可看出，经过时间继电器 KT 动断触点延时断开后，K3 失电；KT 的动合触点延时闭合后，K2 闭合。这时除已接入接线盒上的 3 个线头 a、b、c 有电压外，剩下的 3 个线头之间也应呈现 380V 线电压，即 K2 的动合触点未接电源的 3 个线头。用万用表 500V（AC）挡分别测试 a、b、c 与这 3 个线头之间的电压值，如两个线头之间没有电压指示，就是同相位。例如，与 a 线头间没有电压的另一线头为同相位，编号为 a1，其余类同。因 a 已接至 D1，a1 就接到 D6；b 已接至 D2，b1 就接到 D4；c 已接至 D3，c1 就接到 D5 上。至此全部程序完成了。最好再复查一遍，看是否有误，然后通电操作，启动和 Y-△转换运行均不会出现不正常现象。

例 4-29 自耦减压启动器断相导致电动机不能启动的检修

有一台 50kV·A 变压器，高压侧 10kV，低压侧 0.4kV，负载为 30kW 电动机拖动带锯机锯木头。低压侧为三相四线制，采用 3 只单相电能表及 3 只穿芯式电流互感器来计量低压电能，如图 4-18 所示。

图 4-18 单相电能表配合电流互感器计量低压电能

在运行中发现，L1 相表正转，L2 相表倒转，L3 相表不转。经换表、校验电流互感器、查二次接线，均未发现问题，但电能表依然不正常。如图 4-19 所示，用钳形电流表测量低压侧的三相电流，发现电动机在运行状态下，L3 相没有电流，故 L3 相电能表不转；L1、L2 两相电流相等。电动机启动时，低压侧三相都有电流，3 只电能表都正转。查用户 30kW 电动机及控制回路，为自耦减压启动器控制，电动机为△形接头。试验缺相情况下，电动机不能启动；电动机启动后，将 L3 相的熔丝拔掉，电动机空载、负载都正常。

图 4-19　用钳形电流表测量三相电流

经分析，带锯机实际只需配用 17kW 电动机，而且是断续工作的。△形接法的电动机缺一相电时，仍能发出电功率 15kW，故可以带动带锯机正常工作，而且电动机不过热。操作工人也就没有发现异常。

进一步查自耦减压启动器，发现 L3 相运行触头烧坏而不接触，启动触头三相正常，故电动机可正常启动，当电动机由启动转入运行后，则 $I=0$，L3 相电能表不转；另外两只电能表计量的功率即为缺相运行时电动机功率。当电动机空载时，$\cos\phi < 0.5$，L2 相表倒转；当电动机带负载时，$\cos\phi > 0.5$，L2 相表正转。

将烧坏的触头更换后，三相电流及电能表全部正常。

此例提醒我们，当发现计量电能表不正常而又查不到计量装置错误时，最好查一查用户的用电线路、设备是否有故障。

例 4-30 外部干扰引起电动机变频调速器故障的检修

一台采用变频器调速的电动机突然速度不稳，变频器显示的频率也在变化，只好停机。

根据现场查看，变频器无异常，负载、电动机也正常。怀疑电位器有故障，用万用表检测电位器是好的。后来把电位器直接接至变频器端子上，调节电位器，变频器输出频率能正常调节，可推断是线路毛病。经检查，使用的控制线是普通电缆，未采取屏蔽。

更换屏蔽电缆后，系统即恢复正常，至今没有重复出现过上述故障。

之所以认为故障是由外部干扰引起的，是因为变频器控制部分为弱电，一旦外部有电磁场干扰，控制线上就会引起感应电压，导致变频器失控。从现场查看，原来敷设该控制电缆的托架上有两根动力电缆，根据车间人员反映，这两根电缆是新增设的，故障祸根就是这两根电缆，这也就是开始为什么不用屏蔽电缆也能正常使用的原因。

安装时。应严格按照变频器使用的要求施工，信号电缆与动力电缆必须分开敷设，并保持足够的距离（一般应大于 0.1mm），信号线最好屏蔽，不能马虎。

例 4-31 绝缘性能降低引起电动机变频器故障

某一锅炉出渣机为达到经济运行目的，加装变频器对电动机进行调速。变频器输入端与交流接触器相接，输出端通过热保护元件和断相保护器与电动机相接。某日，运行期间出渣机突然停车。

变频器上有 OCS 异常信号显示，查阅随机《变频器使用说明书》"警报显示"一栏，异常原因是："回路输出短路或接地障碍"。用万用表测试电动机，无短路现象。再次强行启动，出渣机仍不能运行。将变频器拆除，出渣机可启动运行。后用万用表对回路进行分段测量，测得断相保护器三相中的其中两相绝缘电阻为 0.015MΩ，没有达到要求的绝缘阻值。最后，拆除断相保护器，再重新接好变频器，启动出渣电动机，运行正常。

通过这次故障及故障的排除，感受到变频器保护功能比较齐全，且保护灵敏度高，安全、可靠，无需其他重复（其实热保护也可以采用变频器的电子热保护功能）保护。因此，按照变频器制造厂家提供的接线图重新接线，不但维护方便，而且大大减少了故障发生次数。

例 4-32 电磁调速电动机不能调速的检修

一台电磁调速电动机已运行 3 年，突然发生不能调速故障。开始时，曾陆续发生几次时而全速、时而可调速现象，随后便不能调速，电磁离合器随电动机运转而运转、停转而停转，好像电磁离合器内外转子被机械卡死一样。

① 在电动机通电运转时，断开调速控制器开关 S（如图 4-20 所示），电磁离合器即停转。证明电磁离合器内并未机械卡死。

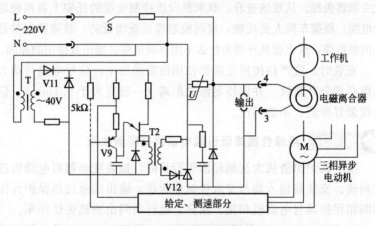

图 4-20 电磁调速控制原理图

② 测量输出端子 3 与 4 的电压为直流 90V，说明晶闸管 V12 全导通。进而怀疑触发线路中三极管 V9 或晶闸管 V12 损坏，陆续断开 V9 发射极和 V12 的触发极，均未解决问题，证明 V12 正向击穿。换下 V12 后，用万用表测试，发现 V12 的触发极与阳极击穿。换上新的晶闸管，并接上电源，发现离合器仍不能调速。但断开 V12 触发极后，离合器即停转。说明新换的晶闸管无质量问题。

断开 V9（型号 3AX24J）基极，离合器未停转。因此怀疑 V9 击
穿，但用 3AX31C 型（耐压等级比 3AX24J 高）三极管换上后，还
未解决故障。于是再用万用表检查削波电路的稳压管 V11 电压，
测得电压为直流 9V，说明 V11 也是好的。再检查所有线路，都未
发现问题。但根据分析，只有 V9 击穿或穿透电流过大，才会引起
这种故障。于是用导线把 V9 的发射极与基极短接，电磁离合器的
转速即降为零。说明 V9 并未损坏，估计是穿透电流大（因
3AX31C 和 3AX24J 均为锗管），形成发射极与集电极导通。

在 V9 的基极和稳压管 V11 的正极之间加接了一个 5kΩ 电阻
（图中的虚线所示），使 V9 的发射极与集电极间的穿透电流减小，
解决了这个故障。

例 4-33　采用能耗制动的电动机不能迅速制动

当操作能耗制动电路的停止按钮时，电动机不能迅速制动。

电动机耗制动电路如图 4-21 所示。在正常情况下，按下停止

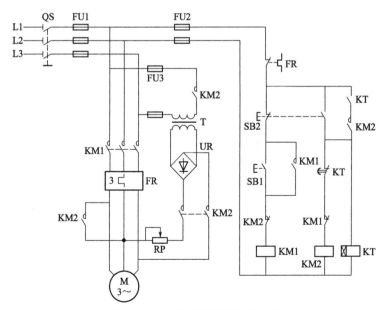

图 4-21　电动机能耗制动控制电路

按钮 SB2，KM1 失电释放，同时 SB2 动合触点闭合，使 KM2、KT 获电动作，将经桥式整流后的直流电接入电动机定子绕组。达到整定时间后，KT 延时断开的动断触点断开，KM2 失电释放，制动结束。现在出现电动机不能迅速制动的故障，其可能原因有：

① 时间继电器 KT 动断延时动作，触点闭合不好。

② 接触器 KM2 线圈所串接的 KM1 辅助互锁动断触点闭合不好。

③ KM2 接触器线圈损坏或动作机构不良。

④ 降压变压器 T 接线断开或线圈烧坏。

⑤ 整流二极管断路或击穿。

⑥ 电位器 RP 烧断或断路。

按照上述对故障原因的分析，采取相应的处理方法。

① 断开电路电源，测时间继电器 KT 动断延时动作触点接触是否良好，若接触不好，要修整时间继电器，若损坏严重，要更换时间继电器。

② 在断开电源的情况下，用万用表电阻挡测接触器 KM2 线圈所串接的 KM1 互锁动断辅助触点，若接触不良，可再并接 KM1 侧面的另一组动断辅助触点。

③ 用万用表电阻挡单独对接触器 KM2 线圈进行测量，若线圈断线或烧毁，要更换接触器 KM2 的线圈。若线圈正常，要检查接触器 KM2 动作机构是否灵活，若不灵活，要更换接触器 KM2。

④ 断开电源，用万用表电阻挡测降压变压器 T 一次与二次绕组，若测得线圈断路时，首先检查变压器引出接线头中有否断线，查出断线点重新连接，若测得变压器内部断线或短路时，要重新绕制变压器 T 的线圈。

⑤ 拆下 4 只整流二极管，用万用表电阻挡分别对 4 只整流二极管进行测量，若测得某只二极管断路、短路或正反向电阻差别不大，均应更换同型号整流二极管。

⑥ 用万用表电阻挡对电位器进行测量，若测出其两端断路，要更换同型号电位器。

本例故障是降压变压器二次线圈 T 开路，重新绕制线圈，故障排除。

例 4-34 能耗制动一直启动不能自动复位的检修

采取能耗制动的电动机，在操作停止电动机运行中，能耗制动一直启动，不能自动复位。

对照图 4-21 并结合故障现象进行分析，造成该故障可能存在两个方面的原因：一是接触器 KM2 主触点熔焊或被动作机械卡死；二是时间继电器线圈故障，使 KT 动作触点无法工作。

本着"先易后难"的维修原则，首先断开电源，用万用表 R×10 挡单独对时间继电器 KT 线圈进行测试，电阻值正常，说明该故障不是 KT 线圈开路或短路引起的。

接下来打开接触器 KM2 灭弧盖，检查其主触点，发现已经熔焊。为稳妥起见，进一步检查了 KM2 的动作机构，没有发现有卡死或动作不灵活现象。设法人工分开触点，并更换合格的新动、静触点后，故障排除。

例 4-35 电动机综合保护继电器保护功能失效的检修

据用户称，S2E20-C 型保护器自使用后一直很好，近期却出现保护功能失效（保护电路不动作）现象，不能进行工作。

S2E20-C 型电动机综合保护继电器不仅保护功能齐全，而且体积小、重量轻，可以安装在开关柜的柜门上，故节省了安装空间。除此之外，它还有以下特点。

① 选择性好，适用性强 S2E20-C 型电动机综合保护继电器集成了电动机的大部分保护功能，因为可根据需要选择所需的保护，所以可用做各种高压电动机的保护。

② 简单实用 由于继电器只需输入电动机的基本参数，不需要对于保护整定值进行大量计算，所以只需了解输入方法即可使用。

③ 监控与维护方便 运行稳定，监控及时；由于内部电路为

可拉出型，故继电器元件可拉出以便检查、维修。

S2E20-C 型电动机综合保护继电器是日本富士公司采用微处理器技术开发的电动机综合保护继电器，可在任何情况下及时精确地测量电动机的状况（启动、运行、过载等），能提供过载、堵转、瞬间过电流、接地故障、三相不平衡/缺相、重复启动等保护。各种保护功能均设置有指示灯来指示其功能情况。

S2E20-C 型电动机综合保护继电器的保护功能均失效，在排除了 S2E20-C 供电异常的可能性之后，进一步就应对 S2E20-C 本身进行检查。相关电路如图 4-22 所示。

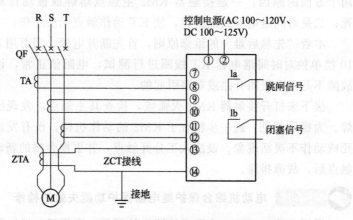

图 4-22 S2E20-C 型电动机综合保护继电器接线图

（1）检查供电是否正常 S2E20-C 型电动机综合保护继电器的控制电源既可以使用交流 100～120V 电源，也可以使用直流 100～125V 电源，并加到其①脚、②脚上。对该电源进行检查，为 AC 110V 左右，基本正常。

（2）检查 S2E20-C 本身 对 S2E20-C 型保护继电器本身进行检查，结果发现其①脚内的一处线路断裂，致使电源在此阻断，从而引起了上述故障。

将上述线路的断裂处重新连接好，确认线路、元件无隐患后试机，故障排除。

例 4-36　电磁调速电动机控制器通电即烧熔丝的检修

DK-2B 型电磁调速电动机控制器一通电就烧电源总熔丝，无法工作。

通电就烧 FU（3A）总电源熔丝，说明电路中存在有严重的短路现象。

在不通电时，用万用表对压敏电阻 RV、二极管 V2、单向晶闸管 V1 等进行检查，结果发现 V2 与 V1 均已击穿短路。相关电路如图 4-23 所示。

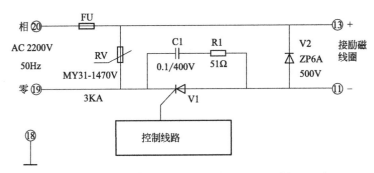

图 4-23　DK-2B 型电磁调速电动机控制器电源输入电路

考虑到 V2 与 V1 损坏可能是负载有问题，对负载进行检查，未发现有异常，估计是 V1 或 V2 本身不良引起的。重换同规格的新件以后，控制器工作恢复正常，故障排除。

DK-2B 型电磁调速电动机控制器的主回路是由单向晶闸管 V1 构成的半波可控整流电路，V2 为续流二极管，压敏电阻 RV 是浪涌吸收器，与熔断器 FU 构成输入过压保护电路。

正常工作时，RV 两端的电压低于 470V，其阻抗近于开路状态，对电路无影响。

当电网电压异常、升高时，RV 的阻值随之变小，电流剧增，从而使 FU 熔丝熔断，起到了保护后级电路的作用。

并接在单向晶闸管 V1 两端的 R1、C1 组成的串联吸收电路，用于对单向晶闸管进行保护。

本例故障估计是续流二极管 V2 本身不良击穿短路以后，V1 与熔断器 FU 熔相继损坏，从而导致了上述故障。

例 4-37 **电动机出现过热时热继电器不动作的检修**

据用户讲，当电动机出现过电流或超负荷时，热继电器不会动作。

经检查，与电动机配套使用的热继电器的型号为 JR20，导致热继电器不会动作的原因主要有以下几方面：

① 热继电器动作电流值过高；

② 热继电器接点有污垢，造成短路；

③ 热继电器本身已经烧坏；

④ 热继电器动作机构卡死或导板脱出；

⑤ 连接热继电器的主回路导线过粗。

先打开热继电器，重新调整热继电器动作机构，并进行适当的修整。在拆装过程中，发现热继电器的触头有严重污垢存在。将热继电器触头用无水酒精进行清洗后，安装好拆下的部件。确认无误后，热继电器在电动机过电流或超负载时，均能正常地动作，故障排除。

在检修时，如果故障是由于热继电器动作电流值过大引起的，则应重新调整热继电器电流值，使整定的热继电器电流值与电动机额定电流值一致。如果故障是由于连接热继电器的主回路导线过粗造成的，则热继电器的主回路应按技术条件规定选择标准的导线进行连接。如果故障是由于热继电器本身损坏造成的，则在重换同型号的热继电器时，还要注意整流电流应与原配件一致。

例 4-38 **时间继电器误动作导致电动机停转的检修**

据用户称，该时间继电器在使用中有时会产生误动作，使电动机停转。

导致时间继电器误动作的原因除了电动机本身异常外，就是线路方面的问题，可围绕这两方面进行检查。

（1）判断故障的大概部位　用一只同规格新的电动机替换原电动机进行试验，发现故障有时仍会发生，由此可以排除电动机出故障的可能性，问题可能出在电路及元件上。

（2）对电路进行检查 先检查电动机的电源线路是否过长、过细造成电压降过大，使电动机启动电流增大。经检查无问题。

检查电动机的启动时间，发现其太长，将时间继电器延时时间调整得稍短些，再次试机，故障排除。

如果调节时间继电器使电动机启动时间变短后，仍不能解决问题，则应按电动机启动时间要求选择合适的继电器，使两者配套后，问题通常即可得到解决。

例 4-39 泵电动机前轴承烧毁的检修

某日下午 6：45 左右 2♯泵房值班人员点检时发现 14♯泵电动机前轴承处冒烟，其马上联系调度停 14♯泵，启 15♯泵。后电工到现场检查电动机绝缘正常，电动机前轴承和轴温度特别高，初步判断前轴承烧死。将电动机前端盖打开，发现电动机前轴承烧死，轴承弹夹破碎，因高温油室内的润滑脂全部液化从排油孔流出，将轴承拆除后发现电动机轴前轴承位置轴磨损严重，判断为电动机前轴承跑内套，造成轴承温度升高，润滑脂液化流出，轴承缺油后造成温度急剧升高，轴承烧死。

① 电动机解体，抽出转子，轴承位置堆焊，机加工至轴承内径值。

② 转子校平衡，偏差值在规定的范围值内。

③ 进行组装，加热轴承膨胀，快速装至到轴承位置，使用铜棒校正轴承。

④ 进行加油，从里往外加油，轴承不能转动，挤出来多余的油，不能使用，做废油处理。

⑤ 电动机组装、试车，不能带负荷试车，空车试运行 8h，每小时要测量电动机轴承温度在允许的范围内（60℃）。

第5章

变频器故障诊断与检修

5.1 变频器故障诊断

5.1.1 变频器故障诊断步骤及方法

5.1.1.1 变频器故障诊断步骤

第一步,询问用户,了解变频器的故障现象,包括故障发生前后外部环境的变化。例如电源的异常波动、负载的变化。

第二步,根据用户的故障描述,分析可能造成此类故障的原因。

第三步,打开被维修的设备,确认被损坏的程序,分析维修恢复的可行性。

第四步,根据被损坏器件的工作位置,通过阅读电路,分析电路工作原理,从中找出损坏器件的原因,以及一些相关的电子电路。

第五步,寻找相关的器件进行替换。

第六步,在确定所有可能造成故障,所有原因都排除的情况下,通电进行实验,在做这一步的时候,一般要求所有的外部条件都具备,并且不会引起故障的进一步扩大化。

第七步,在设备工作正常的情况下,就可以进入系统测试的程序。

5.1.1.2 变频器故障诊断法

变频器维修中常用的 10 个故障诊断方法见表 5-1。

表 5-1   变频器故障诊断方法

方法	操作说明
看	看故障现象,看故障原因点,看整块单板和整台机器
量	用万用表测量怀疑的器件,虚焊点,连锡点
测	测波形,上工装测单板
听	继电器吸合的声音,电感、变压器、接触器有无啸叫声
摸	摸 IC、MOS 管、变压器是否过热
断	断开信号连线(断开印制线或某些元器件的引脚)
短	把某一控制信号短接到另一点
压	由于板件虚焊或连接件松动,用手压紧后故障可能会消失
敲	此办法对判断继电器是否动作有较好效果
放	在拆卸单板或测量电阻阻值前要先把电容的电放掉

5.1.2   变频器故障诊断流程

变频器的故障大致可分为两大类,一类是变频器本身电路故障,另一类是参数设置不当或选型不当等外部原因导致报故障。下面以英威腾(invt)公司的 CH 系列变频器为例介绍常见故障的诊断流程。

◆ **例 5-1   整流桥损坏诊断**

① 18.5kW 以下的变频器,整流桥和逆变模块是集成在一块功率模块上的,整流桥损坏的同时逆变部分也极有可能损坏,同时还可能殃及开关电源电路、驱动电路。因此在维修的时候应该将模块取下来后,检查驱动电源板是否正常,在现场修机时,应该将驱动板与模块一起更换。

整流桥损坏时,一般开关电源部分常坏的元件有开关管 K2225(K2717),缓冲电阻及开关电源的一些小贴片电阻。

② 18.5kW 以上的变频器,晶闸管或整流桥与逆变模块、驱动电源板是分离的,因此整流桥损坏一般只需更换晶闸管或整流桥

即可。此时，一定要检查接触器是否有击穿或者卡死现象。

整流桥损坏诊断流程如图 5-1 所示。

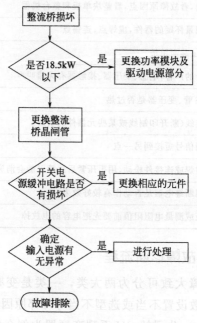

图 5-1　整流桥损坏诊断流程

例 5-2　逆变器损坏诊断

① 逆变模块损坏通常会报 OUT1、OUT2、OUT3 等故障，其分别对应逆变模块 U、V、W 相故障，有时也会报 SPO。

② 测量逆变部分，更换损坏的逆变模块。

③ 测量驱动板上驱动波形是否正常，如不正常则将驱动板一起更换，更换之后测量主回路电路正常后还不能立即上电测试，应该脱开电动机连接电缆。在确定无任何故障的情况下，运行变频器。

④ 确定控制板保护电路是否异常，如有异常应更换。

逆变器损坏的诊断流程如图 5-2 所示。

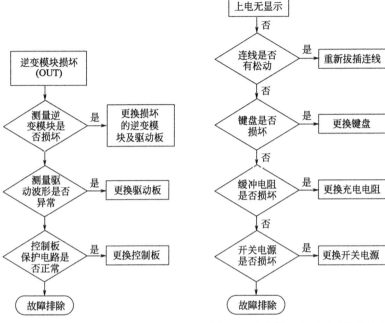

图 5-2　逆变器损坏的诊断流程　　　图 5-3　变频器上电无显示检修流程

例 5-3　变频器上电无显示诊断

　　① 检查各板间连线是否有松动，键盘口是否有粉尘或腐蚀，重新连线。

　　② 更换键盘，确认是否键盘损坏，如有，更换键盘。

　　③ 检查缓冲电阻是否有烧坏，如是，更换缓冲电阻。

　　④ 检查开关电源输出电压是否正常，如不正常更换开关电源板。

　　变频器上电无显示检修流程如图 5-3 所示。

例 5-4　P. OFF 故障诊断

　　① 先测量输入主回路电压及直流母线电压是否太低，380V 的输入电压一般直流母线电压在 350V 以下；220V 的输入的直流母

线电压一般在 180V 以下才会出现此故障。

② 确定控制板母线电压检测部分有无问题，如有问题更换控制板。

③ 如果电压都正常，说明此故障来自缺相检测电路，用万用表测量输入缺相检测电路 D1、D2、D3 二极管及 51kΩ 贴片电阻是否烧坏；51kΩ 直流母线检测电阻烧坏也会出现 P. OFF 故障。

④ 如果出现 P. OFF 故障，可先把 Pb. 00 设为 0，看是否出现此故障，如果没有就可确定是非电压过低造成。有可能输入电压缺相不平衡或缺相检测线路出现故障，如果检测电路故障把 Pb. 00 设为 0 机器可正常工作，CHE 变频器没有此项功能。

P. OFF 故障诊断流程如图 5-4 所示。

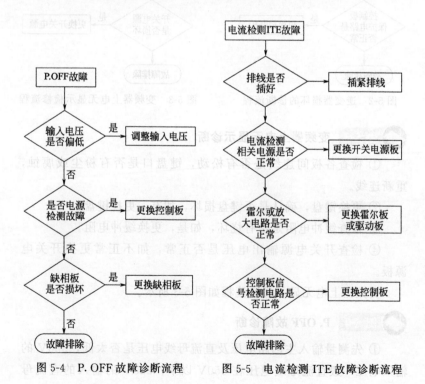

图 5-4　P. OFF 故障诊断流程　　图 5-5　电流检测 ITE 故障诊断流程

例 5-5　电流检测 ITE 故障诊断

① 检查控制板排线是否松动，如松动，请重新拔插排线。

② 测量开关电源＋5V、±15V 电源是否正常，如不正常更换开关电源板。

③ 检查霍尔或电流整定电路是否正常，如不正常更换霍尔板或驱动板。

④ 检查控制板上电流检测部分是否正常，如不正常请更换控制板。

电流检测 ITE 故障诊断流程如图 5-5 所示。

例 5-6　输入缺相 SPI 故障诊断

① 检查输入电源是否有缺相，如有，请调整电源使三相电源平衡。

② 短接驱动板上的 PL 点，如故障未解除，更换驱动板。

③ 设置 PL＝0，看故障是否解除，如不解除请检查排线。

④ 如故障解除，请更换控制板。

输入缺相 SPI 诊断流程如图 5-6 所示。

例 5-7　输出缺相 SPO 故障诊断

① 检查变频器内部接线是否有松动，重新拔插各连接线。

② 测量逆变模块是否有损坏，如有请更换相应的模块，一般来说应驱动板一起更换。

③ 检查输出线路、负载是否有短路，如有请排除。

④ 确认输出线路是否过长，一般不超过 10m，过长的输出线路请加装电抗器或者滤波器。

⑤ 检查驱动板，控制板信号部分是否正常，如不正常更换相应的电路板。

输出缺相 SPO 诊断流程如图 5-7 所示。

例 5-8　变频器过热 OH1、OH2 故障诊断

① 检查变频器风扇是否有卡住或损坏，如有请排除或更换风扇。

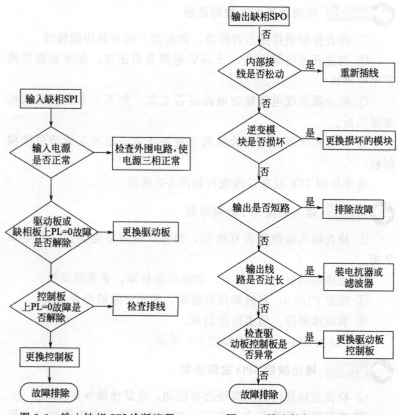

图 5-6 输入缺相 SPI 诊断流程   图 5-7 输出缺相 SPO 诊断流程

② 查看变频器散热风道是否有堵塞，如有请清理风道。

③ 检查热敏电阻阻值是否正常，如不正常请更换新热敏电阻。

④ 注意观察变频器是否长时间过载运行，长时间过载运行会增加功率模块热耗，解决方法见变频器 OL2 过载处理流程。

⑤ 检查风扇电源板是否烧坏，如有损坏更换新的风扇电源板。

⑥ 检查控制板上温度检测信号是否异常，如异常更换控制板。

变频器过热 OH1、OH2 故障诊断流程如图 5-8 所示。

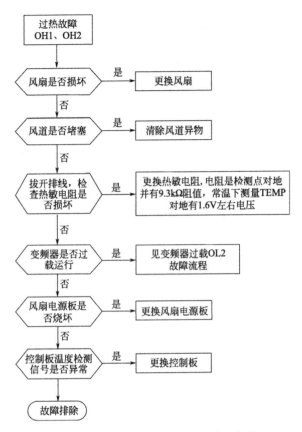

图 5-8　变频器过热 OH1、OH2 故障诊断流程

例 5-9　电动机过载故障诊断

① 检查电动机额定参数设置是否正确，不正确请重新设置。

② 检查频率在 50Hz 时变频器输出电压是否为 380V，如不是，应调整电动机空载电流至输出在 380V 为正常。

③ 查看电动机保护参数设置是否正确（CHF：Pb. 02，Pb. 03；CHE：Pb. 00，Pb. 01；CHV：Pb. 02Pb. 03），正确设置保护参数。

④ 查看电动机是否有堵转，如有堵转设法排除。

⑤ 查看键盘显示电流是否和实际测量电流一致，如一致，说明电动机选型偏小，应更换更大功率电动机。

⑥ 如键盘显示电流和实际电流不一致，则表明变频器电流检测部分有故障，可参照 OC 故障处理流程处理该故障。

电动机过载诊断流程如图 5-9 所示。

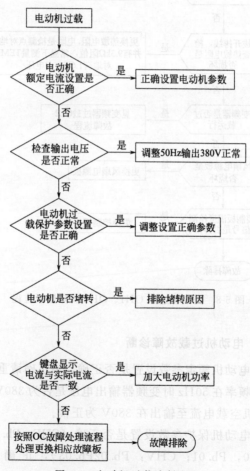

图 5-9 电动机过载诊断流程

例 5-10　**变频器过载故障诊断**

① 确定是否对运行中的电动机实施再启动，如有，可考虑让电动机停稳后再启动或设置转速追踪有效。

② 查看变频器加速时间是否太短，在工艺允许的情况下延长加速时间。最佳方法是更换更大功率变频器。

③ 检查输出电压在 50 Hz 时是否偏低，可调整电动机空载电流使输出电压达到 380V。

④ 查看键盘显示电流和实际是否一致，如一致，建议用户更换更大功率变频器。

⑤ 查看变频器机型设置是否正确，是否对应所带负载类型，如不正确需重新设置机型。

⑥ 如果电流、机型都正确，需检查驱动板或者控制有无异常，按照 OC 故障流程处理。

变频器过载故障诊断流程如图 5-10 所示。

例 5-11　**电动机自学习故障诊断**

① 检查自学习前有无接通电动机，确保电动机已和变频器正确连接。

② 查看电动机容量和变频器容量是否匹配，如变频器容量过小，应更换和电动机容量匹配的变频器。

③ 查看电动机额定参数设置是否正确，确保学习前已正确设置电动机额定参数。

④ 检查自学习时变频器 U、V、W 端有无电流输出，如没有电流需检查驱动板和控制板有无异常，如有，更换相应的故障板。

⑤ 检查变频器自学习后自学习所得的参数是否和实际偏差太大，可进行多次学习，取比较接近的参数。

电动机自学习故障诊断流程如图 5-11 所示。

例 5-12　**加速运行过电流 OC1 故障诊断**

① 确定是否对运行中的电动机实施再启动，如有，可让电动

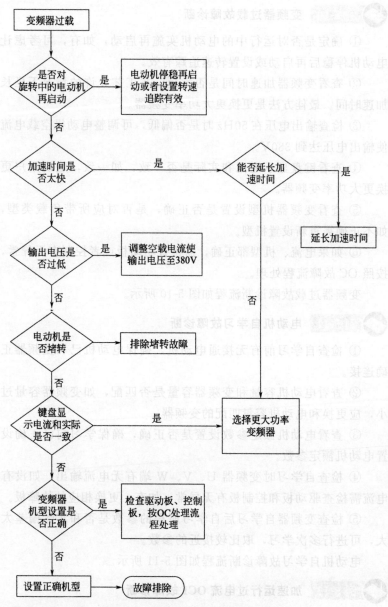

图 5-10 变频器过载故障诊断流程

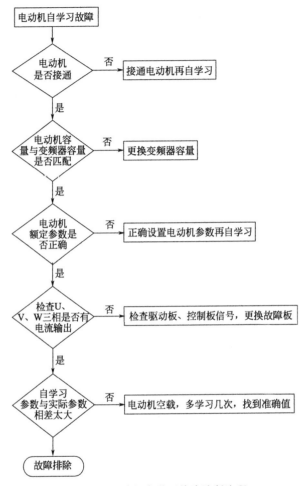

图 5-11 电动机自学习故障诊断流程

机停稳后再启动或者设置转速追踪有效。

② 查看变频器加速时间是否太短，在工艺允许的情况下可延长加速时间，或更换更大功率的变频器。

③ 确认变频器在加速中负载是否发生突变，如是，可提高保护值或延长加速时间。

④ 检查输出电压在50Hz时是否偏低，可调整电动机空载电流

使输出电压达到 380V。

⑤ 检查输出线路是否过长，一般超过 10m 需加装输出电抗器或滤波器。

加速运行过电流 OC1 故障诊断流程如图 5-12 所示。

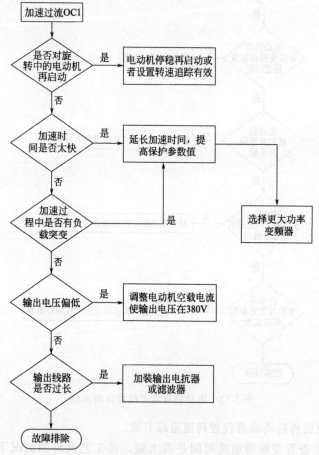

图 5-12　加速过电流 OC1 故障诊断流程

例 5-13　**减速运行过电流 OC2 故障诊断**

① 查看电动机自学习参数中电动机空载电流能否在电动机额

定电流60%以下，如偏差较大，可重新自学习。

② 查看变频器减速时间，负载转动惯量是否过大，负载在减速过程中是否有突变的情况，任意一项都可以延长减速时间。此时，可调整 Pb 保护参数组（CHF：Pb.10＝0，Pb.09 设小点；CHE：将 Pb.06，Pb.07 设小点；CHV：Pb.11＝1，Pb.12 设小点，Pb.13 设在 10Hz 以下）。

③ 如调整参数仍不能解决可判定变频器选型功率偏小，建议可以更换更大功率的变频器。

减速运行过电流 OC2 故障诊断流程如图 5-13 所示。

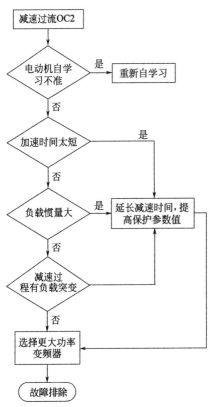

图 5-13　减速过电流 OC2 故障诊断流程

例 5-14 **恒速过电流 OC3 故障诊断**

① 检查变频器参数设置是否正确，或电动机自学习参数是否正确，不正确请按实际情况更改正确的参数。

② 检查变频器输出回路有无漏电，如有漏电应排除。确定变频器输出线路小于 50m，如果输出线路过长，应加装输出电抗器或者输出滤波器。

③ 确定变频器在恒速运行中，负载是否有发生突变，调整参数使限流保护有效（CHF：Pb. 10 = 0；CHV：Pb. 11 = 1；CHE 调整 Pb. 06）。

恒速过电流 OC3 故障诊断流程如图 5-14 所示。

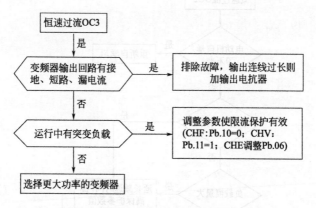

图 5-14 恒速过电流 OC3 故障诊断流程

例 5-15 **加速过电压 OU1 故障诊断**

① 检查输入电压是否偏高，调整电压至正常范围（380V ± 15%），使直流母线电压不高于 800V。

② 检查变频器参数设置是否正确，或电动机自学习参数是否正确，不正确应按实际情况更改正确的参数。

③ 检查加速时间是否太短，在条件允许下适当地延长加速时间。

④ 确定变频器在加速过程中是否有外力拖动电动机，如有，可设法取消此外力或加装制动装置。

加速过电压 OU1 故障诊断流程如图 5-15 所示。

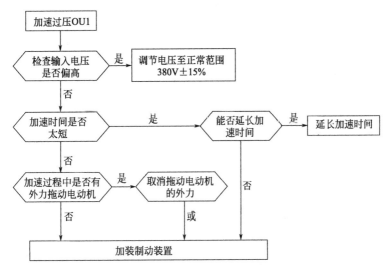

图 5-15　加速过电压 OU1 故障诊断流程

例 5-16　减速过电压 OU2 故障诊断

① 检查输入电压是否偏高，调整电压至正常范围（380V±15％），使直流母线电压不高于 800V。

② 检查减速时间是否太短，在条件允许下适当地延长减速时间。

③ 查看负载是否转动惯量过大，或者负载在加速过程中有外力拖动电动机。如有，取消该外力，或改为自由停车。

④ 无法满足要求，可加装制动装置。

减速过电压 OU2 故障诊断流程如图 5-16 所示。

例 5-17　恒速过电压 OU3 故障诊断

① 检查输入电压是否偏高，调整电压至正常范围（380V±

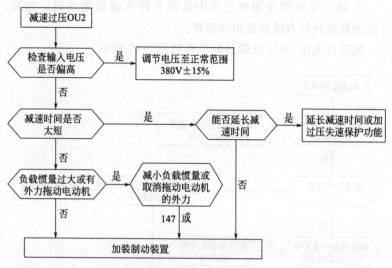

图 5-16　减速过电压 OU2 故障诊断流程

15%），使直流母线电压不高于 800V。

②检查变频器参数设置是否正确，或电动机自学习参数是否正确，不正确应按实际情况更改正确的参数，并重新进行电动机参数自学习。

③检查变频器在运行中，是否有突加负载造成过流失速，对此可以调整参数（CHF：Pb. 10 = 1，CHE：Pb. 04 = 1，CHV：Pb. 09=1）。

④无法满足要求，可加装能耗制动装置。

恒速过电压 OU3 故障诊断流程如图 5-17 所示。

例 5-18　通信故障 CE 诊断

①检查 PC 组参数设置是否正确，对不正确的参数进行修正。

②检查控制板上 J7 跳线是否在短接在通信功能上，否则应短接在通信功能上。

③对于 CHF 和 CHE 机型，检查控制板上 U10 是否有焊 ADM483 通信芯片，如没有应将 ADM483 芯片焊上。

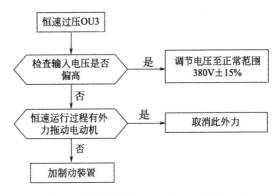

图 5-17 恒速过电压 OU3 故障诊断流程

④ 检查通信接口配线及控制板通信部分电路有无异常，如有，应更换损坏或不良器件。

通信故障 CE 诊断流程如图 5-18 所示。

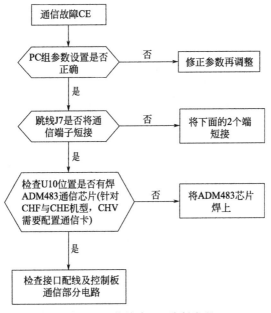

图 5-18 通信故障 CE 诊断流程

例 5-19 母线电压低 U_v 故障诊断

① 检查进线电压是否过低或电源电压波动过大，如是，调整电网电压至正常范围内。

② 查看键盘显示直流母线电压是否正常（应为进线电压的 1.35 倍），检查 PE.08 电压等级设置是否正确，如不是标准电压，调整至适当电压。

③ 驱动板上母线电压测试点 CVD 电压是否正常（$U_{cvd}/U_{dc}=3.3/1000$），检查控制板上母线电压检测电路是否正常，如不正常更换相应的损坏元件。

④ 对 15kW 以下的机器检测开关变压器是否正常，对损坏的器件予以更换。

母线电压低 U_v 故障诊断流程如图 5-19 所示。

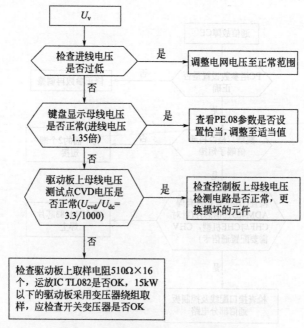

图 5-19 母线电压低 U_v 故障诊断流程

5.1.3 变频器维修常用方法及应用

往往变频器的故障只有一点，而对于维修者最重要的就是找到故障点，有针对性地处理问题，尽量减少无用的拆卸，尤其是要尽量减少使用烙铁的次数。除了维修经验，掌握正确的检查方法是非常必要的。正确的方法可以帮助维修者由表及里、由繁到简、快速地缩小检测范围，最终查出故障并适当处理而修复。

5.1.3.1 报警参数检查法

所有的变频器都以不同的方式给出故障指示，对于维修者来说是非常重要的信息。通常情况下，变频器会针对电压、电流、温度、通信等故障给出相应的报错信息，而且大部分采用微处理器或 DSP 处理器的变频器会有专门的参数保存 3 次以上的报警记录。ABB 变频器报警参数见表 5-2，日立变频器 SJ700 故障代码见表 5-3。

表 5-2 ABB 变频器报警参数表

报警代码	面板显示	故障原因
2001	OVERCURRENT 过流	限流控制器被激活。应检查下列各项： ①电动机过载 ②加速时间过短(参数 2202,2205 减速时间) ③电动机故障,电动机电缆故障或接线错误
2002	OVERVOLTAGE 过压	过压控制器被激活。应检查下列各项： ①输入电源静态或零态过压 ②减速时间过短(参数 2203,2206 减速时间)
2003	UNDERVOLTAGE 欠压	欠压控制器被激活。应检查电源欠压
2004	DIRLOCK 方向锁定	不允许改变方向。可能原因是： 不要改变电动机的旋转方向(参数 1003)
2005	I/O COMM I/O 通信	现场总线通信超时。应检查下列各项： ①故障设置(参数 3018,3019) ②通信设置(参数 51,53) ③连接不好或导线上有超声波

续表

报警代码	面板显示	故障原因
2006	AI1 LOSS AI1 丢失	模式输入 1 丢失,或者给定小于最小设定。应检查下列各项: ①检查输入源和连接 ②设置的最小值(参数 3021) ③设置的报警、故障动作(参数 3001)
2007	AI2 LOSS AI2 丢失	模式输入 2 丢失,或者给定小于最小设定。应检查下列各项: ①检查输入源和连接 ②设置的最小值(参数 3022) ③设置报警、故障动作的值(参数 3001)
2008	PANEL LOSS 控制盘丢失	控制盘通信丢失。应检查下列各项: ①传动处于本地控制模式(控制盘显示 LOC) ②传动处于远程控制模式(控制盘显示 REM),应对相关参数进行设置(检查参数 3002、参数组 10 和参数组 11 的设置)
2009	DEVICE OVERTEMP 传动过温	传动散热器过热。应检查下列各项: ①检查风机故障 ②空气流通受阻 ③散热器积尘 ④环境温度过高 ⑤电动机过载
2010	MOT OVERTEMP 电动机过温	电动机发热,主要是基于变频器估算或者温度反馈值。这种报警信息表明电动机过载故障,跳闸即将发生。应检查下列各项: ①检查电动机过载情况 ②调整用于估算的值(参数 3005～3009)
2011	保留	未用
2012	MOTOR STALL 电动机堵转	电动机工作在堵转区间(参数 3010～3012)

续表

报警代码	面板显示	故障原因
(2013)	AUTO RESET 自动复位	该报警信息表明传动将要进行自动故障复位,这可能会启动电动机。使用参数组 31 来设置自动复位(注:故障时没有输出)
(2014)	AUTO CHANGE 自动切换	这个报警信息表明 PFC 自动切换功能被激活(注:故障时没有输出)可使用参数组 81 和采用宏来设置 PFC 控制的应用
2015	PFC INTERLOCK PFC 互锁	这个报警信息表明 PFC 互锁功能被激活,电动机不能启动。应检查下列各项: ①所有电动机(采用了自动切换) ②调速电动机(不采用自动切换)
2016	保留	—
2017	OFF BUTTON	—
(2018)	PID SLEEP PID 睡眠	这个报警信息表明 PID 睡眠功能被激活,睡眠结束后电动机加速运行。(使用参数 4022～4026 设置 PID 睡眠功能)(注:故障时没有输出)
2019	保留	—
2020	超越模式	超越模式处于激活状态
2021	START ENABLE 1 MISSING 启动允许 1 丢失	该报警信号表明启动信号丢失(使用参数 1608 的设置)
2022	START ENABLE 2 MISSING 启动允许 2 丢失	该报警信号表明,启动信号丢失(使用参数 1609 的设置)
2023	EMERGENCY STOP 急停	激活紧急停车功能
2024	保留	—
2025	FIRST START 首次启动	当电动机数据改变后首次进行标量跟踪启动时,这个报警信息会出现大约 10～15s

表 5-3　日立变频器 SJ700 故障代码

代码	含义	内容	故障原因	处理措施
E01	恒速运转过流		①负荷突然变小 ②输出短路 ③L-PCB 与 IPM-PCB 连接缆线出错 ④接地故障	①增加变频器容量 ②使用矢量控制方式
E02	减速运转过流	电动机轴堵转或急剧加速时,有大电流流过变频器,可能导致故障。因此在流过规定以上的电流时,则会切断输出,显示故障。此保护通过 CT(电流互感器)来检测过电流。保护回路在变频器输出电流220%时自动动作,跳闸	①速度突然变化 ②输出短路 ③接地故障 ④减速时间太短 ⑤负载惯量过大 ⑥制动方法不合适	①检查输出各项 ②延长减速时间 ③使用模糊逻辑加减速 ④检查制动方式
E03	加速运转过流		①负荷突然变化 ②输出短路 ③接地故障 ④启动频率调整太高 ⑤转矩提升太高 ⑥电动机被卡住 ⑦加速时间过短 ⑧变频器与电动机之间连接电缆过长	①使用矢量控制 A0 选 4 ②转矩提升 ③延长加速时间 ④增大变频器的容量 ⑤使用模糊逻辑加减速控制功能 ⑥缩短变频器与电动机之间距离
E04	停止时过流		①CT 损坏 ②功率模块损坏	更换已损坏的器件
E05	过载	监视变频器输出电流,内置的电子热保护功能检测到电动机过负载时切断输出,显示故障	①负荷太重 ②电子热继电器门限设置过小	①减轻负荷或者增大变频器的容量 ②增大电子热继电器门限值
E06	制动电阻过载保护	在 BRD 回路的使用率超过 b090 所设定的使用率时,切断输出,显示保护	①再生制动时间过长 ②L-PCB 与 IPM-PCB 连接缆线出错	①减速时间延长 ②增大变频器的容量 ③A38 设定为 00 ④提高制动使用率

续表

代码	含义	内容	故障原因	处理措施
E07	过压	若 P-N 间直流电压过高则可能导致损坏。由于来自电动机的再生能量、输入电压的上升导致 P-N 间的直流电压超过允许电压值,变频器切断输出,显示保护	①速度突然减小 ②负荷突然脱落 ③接地故障 ④减速时间太短 ⑤负荷惯性过大 ⑥制动方法不正确	①延长减速时间 ②增大变频器的容量 ③外加制动单元
E08	EEPROM 故障	在由于外来噪声或温度异常上升导致内置 EEPROM 发生异常时,切断输出,显示故障。有时会显示 CPU 故障	①周围噪声过大 ②机体周围环境温度过高 ③L-PCB 损坏 ④L-PCB 与 IPM-PCB 连接线松动或损坏 ⑤变频器制冷风扇损坏	①移去噪声源 ②机体周围应便于散热、空气流通应良好 ③更换制冷风扇 ④更换相应元器件 ⑤重新设定一遍参数
E09	欠压	由于变频器的输入电压下降,会使控制回路无法正常工作,因此输入电压低于额定电压以下时,切断输出	①电源电压过低 ②接触器或低压断路器的触点不良 ③10min 内瞬间掉电次数过多 ④启动频率调整太高 ⑤F11 选择过高 ⑥电源主线端子松动 ⑦同一电源系统有大的负载启动 ⑧电源变压器容量不够	①改变供电电源质量 ②更换接触器或低压断路器 ③将 F11 设为 380V ④将主线各节点接牢 ⑤增加变压器容量
E10	CT 出错	在变频器内置 CT 发生异常时,切断输出。上电时,CT 的输出电压偏高而显示故障	①CT 损坏 ②CT 与 IPM-PCB 上 J51 连线松动 ③逻辑控制板上 OP1 损坏 ④可能 RS、DM、ZNR 损坏	①更换 CT ②大部分问题是 OP1 损坏,应更换

代码	含义	内容	故障原因	处理措施
E11	CPU 出错	内置 CPU 发生误动作或异常时,切断输出而显示故障	①周围噪声过大 ②误操作 ③CPU 损坏	①重新设置参数 ②移去噪声源 ③更换 CPU
E12	外部跳闸	外部机器、设备发生异常,切断输出	外部控制线路有故障	检测外部控制线路
E13	USP 出错	在已向变频器输入运行信号的情况下再通电,显示故障(选择 USP 功能时)	当选择此功能时,一旦 INV 处于运行状态,突然来电会发生此故障信息	变频器停止运行操作时,应该将运行开关关闭后再拉掉电源、不能直接拉电
E14	INV 输出接地故障	上电时在检测出变频器输出部和电动机间的接地故障时,保护变频器	①周围环境过于潮湿,电缆绝缘性下降或电动机绝缘性下降 ②变频器输出接地不良 ③电动机接地不良 ④加、减速时间过短 ⑤CT 故障、L-PCB 故障 ⑥IPM 损坏 ⑦L-PCB 与 IPM-PCB 连接线松动或损坏 ⑧如果使用电控柜,可能输出输入电缆磨损与电控柜连接一体带电 ⑨变频器输出电缆断线 ⑩输出端子松动 ⑪电动机线圈断线 ⑫电动机功率太小 ⑬由于噪声引起的误动作	①断开 INV 的输出端子,用摇表检查电动机的绝缘性能 ②换线缆,或烘干电动机 ③更换其他零部件 ④有时 IPM-PCB 是好的,但 DM 损坏
E15	输入过电压保护	变频器在停止状态下,输入电压高于规定值并持续 100s 时,显示故障	①电源电压过高 ②F11 设置过低 ③AVR 功能没有起作用	①能否降低电源电压 ②根据实际情况选择 F11 值 ③输入侧安装 AC 电抗器

续表

代码	含义	内容	故障原因	处理措施
E16	瞬时停电保护	瞬时停电超过15ms时,切断输出。若断电时间过长,则认为是正常断电	①电源电压过低 ②接触器或低压断路器触点不良	①检查电源电压 ②检修接触器或低压断路器
E20	风扇转速低,温度高,显示故障	发生温度异常时,若检测出冷却风扇转速低下,才会显示此故障	冷却风扇故障	检修或者更换冷却风扇
E21	过热保护	由于环境温度过高等原因导致主回路温度上升时,切断变频器输出	①冷却风扇不转/变频器内部温度过高 ②散热片堵塞	①检修或更换冷却风扇 ②清扫散热片上的灰尘
E23	门阵列通信故障	内置CPU和门阵列之间的通信发生异常时跳闸	—	—
E24	缺相保护	在输入缺相选择为有效时,跳闸以防止因输入缺相造成变频器损坏。缺相时间超过1s以上时跳闸	①三相电源缺相 ②接触器或低压断路器触点不良 ③L-PCB与IPM-PCB连线不良 ④IPM与DM连线不良(仅限30kW以上变频器)	①检查供电电源 ②更换接触器或低压断路器 ③换一块L-PCB故障不能排除,再换连线故障仍不能排除,则IPM-PCB损坏,应更换IPM-PCB
E25	主回路异常	由于噪声干扰导致的误动作或主模块的损坏等造成的门阵列不能确认时跳闸	①噪声干扰 ②主模块的损坏	①采取屏蔽措施隔离噪声源 ②检查并排除主回路故障
E30	IGBT故障	发生瞬时过流、模块温度异常,驱动电源低下时,切断变频器输出	暂态过流	驱动部分或模块损坏

续表

代码	含义	内容	故障原因	处理措施
E35	热敏电阻故障	检测连接在 TH 端子上的电动机内部的热敏电阻的电阻值过高，切断变频器输出	热敏电阻与变频器智能端子连接后如果电动机温度过高，变频器跳闸	—
E36	制动异常	在选择了 b120（制动控制功能选择）为 01 时，变频器在制动释放输出后，在 124（制动确认等待时间）内不能确认制动开关信号状态	—	—
E38	低速过载保护	在 0.2Hz 以下的极低速域。过载时，变频器内置的电子热保护将会检测并切断变频器输出	—	—
━━━━	上面四横杠	—	①复位信号被保持②面板和变频器之间出现错误	①按下（1键或2键）键即能恢复②再一次接通电源
━━━━	中间四横杠	—	①关断电源时显示②输入电压不足时	—
- - - -	下面四横杠	—	无任何跳闸历史时显示	—
- - - -	闪烁	—	①逻辑控制板损坏②开关电源损坏	①检修逻辑控制板②检修开关电源

注：故障代码小数点后面数字的意思：

0—上电时/复位端子 ON 状态下的初始化；1—停止时；2—减速时；3—恒速时；4—加速时；5—在频率为 0 状态下输入运行指令时；6—启动时；7—直流制动中；8—过载限制中；9—驱动/伺服 ON 中。

例 5-20　运用报警参数法检修变频器故障

① 某变频器无法运行，LED 显示 "UV"（under voltage 的缩写），该报警为直流母线欠压。

因为该型号变频器的控制回路电源不是从直流母线取的，而是从交流输入端通过变压器单独整流出的控制电源。所以判断该报警应该是真实的。所以从电源入手检查，输入电源电压正确，滤波电容电压为 0V。因接触器没动作，所以与整流桥无关。故障范围缩小到充电电阻，断电后用万用表检测发现充电电阻的电阻值为无穷大。更换电阻，故障排除。

② 有一台三垦 IF 11kW 的变频器用了 3 年多后，偶尔上电时显示 "AL5"（alarm 5 的缩写），该报警为 CPU 被干扰。

经过多次观察发现是在充电电阻短路接触器动作时出现的。怀疑是接触器造成的干扰，于是在控制脚加上阻容滤波电路后，故障不再发生。

③ 一台富士 E9 系列 3.7kW 变频器，在现场运行中突然出现 OC3（恒速中过流）报警停机，断电后重新上电运行出现 OC1（加速中过流）报警停机。

先拆掉 U、V、W 到电动机的导线，用万用表测量 U、V、W 之间电阻无穷大，空载运行，变频器没有报警，输出电压正常。可以初步断定变频器没有问题。原来是电动机电缆的中部有个接头，用木版盖在地坑的分线槽中，绝缘胶布老化，工厂打扫卫生进水，造成输出短路。更换该电缆，故障排除。

④ 三肯 SVF303，显示 "5"，该报警为直流过压。

经检查，电压值是由直流母线取样后（530V 左右的直流）通过电阻分压后再由光电耦合器进行隔离，当电压超过一定阈值时，光电耦合器动作，给处理器一个高电平，从而产生过压报警。检查分压电阻没有变值，更换光电耦合器，故障排除。

由以上事例不难看出，变频器的报警提示给出了处理问题的方向，抓住变频器的报警提示对处理故障非常重要。

变频器控制系统常见的故障类型主要有过电流、短路、接地、过电压、欠电压、电源缺相、变频器内部过热、变频器过载、电动机过载、CPU异常、通信异常等。当发生这些故障时，变频器保护会立即动作，停机，并显示故障代码或故障类型，大多数情况下可以根据显示的故障代码，迅速找到故障原因并排除故障。但也有一些故障的原因是多方面的，并不是由单一原因引起的，因此需要从多个方面查找，逐一排除才能找到故障点并进行维修。

5.1.3.2 类比检查法

类比检查法可以是自身相同回路的类比，也可以是故障板与已知好板的类比。这可以帮助维修者快速缩小检查范围。

例 5-21 类比检查法检修变频器故障

① 三垦 MF15kW 变频器损坏，用户说不清具体情况。

首先用万用表测量输入端 R、S、T，除 R、T 之间有一定的阻值以外其他端子相互之间电阻无穷大，输入端子 R、S、T 分别对整流桥的正极或负极之间呈现出二极管特性。为什么 R、T 之间与其他两组不一样哪？原来 R、T 端子内部有控制电源变压器，所以有一定的阻值。以上可以看出输入部分没问题。同样用万用表去检查 U、V、W 之间阻值，三相平衡。接下去，检查输出端各相对直流的正负极时，发现 U 对正极正反都不通，怀疑 U 相 IGBT 有问题，拆下来检查果然是 IGBT 坏了。

驱动电路中的上桥臂控制电路三组特性一致，下桥臂控制电路三组特性一致，采用对比方法检查发现 Q1 损坏。更换 Q1 后，触发脚阻值各组一致，上电确认 PWM 波形正确。重新组装，上电测试正常。

② 有一台变频器，面板显示正常，数字设定频率及运转正常，但是端子控制失灵。

用万用表检查端子无 10V 电压。从开关电源入手，各组电源

都正常，看来问题出在连接导线上。在没有图纸的前提下要从 32
根扁平电缆中找到 10V 的那条线真要花点时间。此时利用一台完
好的 22kW 的变频器，先记下 22kW 连接扁平电缆的各脚对地电
压，然后对比 37kW 的各脚对地电压，很快找到了差异。原来是插
槽的引脚虚焊，重新焊好，故障排除。

5.1.3.3 备板置换检查法

利用备用的电路板或同型号的电路板来确认故障，可缩小检查
范围，这是一种行之有效的方法。

例 5-22 备板置换检查法检修变频器

三垦 MF15kW 变频器确认控制板损坏，手头没有 15kW 的主
控板，于是将一台主回路报废的 MF2.2kW 的控制板换上，但是必
须要进行参数设定。首先打开参数 90，写入 "7831"，确认后，变
频器显示 "PASS"，再确认，写入 "28"（28 代表 15kW），再把参
数恢复出厂值（参数 36 写入 1），这样控制板就换完了，故障得以
排除。

5.1.3.4 隔离检查法

有些故障常常难以判断发生在哪个区域，采取隔离的办法就可
以将复杂的问题简单化，较快地找出故障原因。

例 5-23 隔离检查法检修变频器

一台英泰变频器，现象是上电后无显示，并伴有 "嘀-嘀" 的
声音。凭经验可断定开关电源过载，反馈保护起作用关断开关电源
输出，并且再次起振再次关断而产生的 "嘀-嘀" 声。

首先去掉控制面板，上电发现依然如故，再逐个断开各组电源
的二极管，最后发现风扇用的 15V 电源有问题。可是风扇并没有
运转信号，不应该是风扇本身问题，估计是风扇前端出现问题。拆
掉 15V 滤波电容测量，该电容器已经老化了。换上新的电容，故
障排除。

5.1.3.5 直观检查法

直观检查法通过人的视觉、触觉、听觉及嗅觉来对机器的外表及内部的元器件、接线等进行的直观检查，这是一种简单且行之有效的方法，应常用并且首先使用。

"先外再内"的维修原则要求维修人员在遇到故障时应该先采用望、闻、问、摸的方法，由外向内逐一进行检查。有些故障采用直观法可以迅速找到原因，否则会浪费不少时间，甚至无从下手。利用视觉可以观察线路元件的连接是否松动、断线，接触器触点是否烧蚀，压力是否正常，发热元件是否过热变色，电解电容是否膨胀变形，耐压元件是否有明显的击穿点。上电后闻一闻是否有焦煳的味道，用手摸发热元件是否烫手。问用户故障发生的过程，有助于分析问题的原因，有时问一问同行也是一种捷径。

例 5-24 直观检查法检修变频器

一台三垦 IP 55kW 变频器上电无显示。打开机盖，仔细观察各个部分，发现充电电阻烧坏，接触器线圈烧断而且外壳焦煳。经过询问，原来用户电源电压低，变频器常常因为欠压停机，就专门给变频器配了一个升压器。但是用户并没有注意到在夜间电压会恢复正常，结果首先烧坏接触器然后烧坏充电电阻。由于整流桥和电解电容耐压相对较高而幸免于难。更换损坏的器件，故障排除。

5.1.3.6 升降温检查法

有时，变频器工作较长时间，或在夏季工作环境温度较高时就会出现故障，关机检查正常，停一段时间再开机又正常，过一会儿又出现故障。这种现象是由于个别元器件性能差，高温特性参数达不到指标要求所致。为了找出故障原因，可采用升降温法。

升降温检查法就是人为地给一些温度特性较差的元件加温或降温，让其产生"病症"或消除"病症"来查找故障原因。

　　所谓降温，就是在故障出现时，用棉签将无水酒精在可能出故障的部位抹擦，使其降温，观察故障是否消除。所谓升温就是人为地将环境温度升高，比如用电烙铁或者放近有疑点的部位（注意切不可将温度升得太高以致损坏正常器件）试看故障是否出现。

例 5-25　升降温检查法检修变频器

　　有一台英泰变频器，用户反映该变频器经常参数初始化停机，一般重新设定参数 $20\sim30min$ 后故障重现。经分析该故障与温度有关，因为运行到这个时间后变频器温度会升高。用热风焊台加热热敏电阻，当加热到风扇启动的温度时，观察到控制面板的 LED 忽然掉电，然后又亮起来，接下来忽明忽暗地闪动，拿走热风 30s 后控制板的 LED 不再闪动，而是正常地显示。采用隔离法拔掉风扇的插头，再次加温实验，故障消除。

　　经检查，风扇已经短路。原来是温度升高以后，控制板给出风扇运转信号，结果短路的风扇造成开关电源过载关闭输出，控制板迅速失电而参数存储错误，造成参数复位。换掉风扇，故障排除。

5.1.3.7　破坏检查法

　　就是采取某种技术手段，取消内部保护措施，模拟故障条件而人为破坏有问题的器件，令故障的器件或区域凸现出来。

　　采用这种方法要有十分的把握来控制事态的发展，也就是维修者心里要明了最严重的破坏程度是什么状态，能否接受最严重的进一步损坏，并且有控制手段，避免更严重的破坏。

例 5-26　破坏检查法检修变频器

　　一台变频器的开关电源出现故障，开机时保护回路动作，估计是变压器输出端有短路支路，可是静态无法测量出故障点。决定利用破坏检查法来找到故障器件。首先断开保护回路的反馈信号，令其失去保护功能，然后接通直流电源，利用调压器从 0V 慢慢升高直流电压，观察相关器件。发现有烟冒出，立刻关掉电源，同时利用电阻短路直流滤波电容迅速放电。发现冒烟的是风扇电源的整流二极管，原来风扇已经短路性损坏，而该风扇的控制开关信号一直为开状态（因为器件短路造成高电平，始终为开状态），只要开关电源输出正常电压，风扇就短路风扇电源，造成开关电源保护。而在静态测量时，又测不到风扇的短路状态。更换整流二极管和风扇电动机，故障排除。

5.1.3.8 敲击检查法

变频器的各个电路板都很多焊点，若有任何虚焊和接触不良都会出现故障。敲击检查法就是用螺丝刀柄、橡胶、木槌等工具轻轻敲击电路板上某一处，观察情况来判定故障部位（注意：高压部位一般不要敲击）。此法尤其适合检查虚假焊和接触不良故障。

例 5-27 敲击检查法检修变频器

某变频器正常运行了 3 年多，在没有任何征兆的情况下忽然停机，而且没有任何故障信息显示，启动后会时转时停。仔细观察，没有发现任何异样，静态测量也没发现问题。上电后，敲击变频器的壳体，发现运行信号会随着敲击有变化。经检查发现外部端子 FR 接线端螺钉松动，而且运行信号线端没有压接 U 形端子，直接连接在端子上，接线处压到了导线的线皮，导致螺钉由于振动松动后，控制线与端子虚连。重新压接 U 形端子，拧紧螺钉，故障排除。

5.1.3.9 刷洗检查法

一些特殊的故障，时有时无，若隐若现，维修者常常无法判断和处理。这时就可以用无水酒精清洗电路板，同时用软毛刷刷去电路板上的灰尘、锈迹，尤其注意焊点密集的地方，然后用热风吹干，往往会达到意想不到的效果，至少有助于观察法的应用。

例 5-28 刷洗检查法检修变频器

某变频器出现无显示故障，经过初步检测，整流部分及逆变部分完好，所以通电检查。直流母线电压正常，可是开关电源控制芯片 3844 的启动的电压只有 2V。分压电阻的阻值在线检测小很多，离线检测正常。采用洗刷法处理后，故障排除。

5.1.3.10 原理分析检查法

原理分析是故障排除的最根本方法，其他检查方法难以奏效时，可以从电路的基本原理出发，一步一步地进行检查，最终查出故障原因。运用这种方法必须对电路的原理有清楚的了解，掌握各个时刻各点的逻辑电平和特征参数（如电压值、波形），然后用万用表、示波器测量，并与正常情况相比较，分析判断故障原因，缩小故障范围，直至找到故障。

例 5-29 原理分析检查法检修变频器

某一台变频器同时失去充电电阻短路继电器、风扇运转、变频器状态继电器信号。经过对比试验，证实问题出在控制板。经过分析，问题可能出在锁存器上，因为这些信号都由这个芯片控制。更换锁存器后，故障排除。

总的来说，对故障变频器的检查要从外到内，由表及里，由静态到动态，由主回路到控制回路。以下三个检查一般是必须进行的。

① 用万用表检测输入端子分别对直流正极和负极的二极管特性和三相平衡特性。这步可以断定整流桥的好坏。

② 用万用表检测输出端子分别对直流正极和负极的二极管特性和三相平衡特性。这步可以初步断定逆变模块的好坏，从而决定是否可以空载输出。如果出现相间短路或不平衡状态，就不可以空载输出。

③ 如果上面两步没有发现问题，可以打开机壳，清除灰尘，认真观察变频器内部有无破损，是否有焦黑的部件，电容是否漏液等。

5.2 常用变频器典型故障的检修

5.2.1 JR2C 变频器故障检修

例 5-30 变频器主回路熔断器容易烧断的检修

（1）故障现象 据用户称，该设备在一次正常使用时突然停止工作，检查发现主回路熔断器熔断，重换新件后又熔断。

（2）故障分析 变频技术是应交流电动机无级调速的需要而诞生的，变频器可将工频交流电压（频率为 50Hz、相电压为 220V 的交流电）通过整流装置变成恒定的直流电压，然后经过逆变器逆变成可变电压、可变频率的交流电压。由于采用微机编程的正弦波 PWM（脉冲宽度调制）控制，电流波形近似于正弦波形，故可用于驱动通用型交流电动机，以实现无级调速。

JR2C 型变频调速装置具有调速范围宽、转矩脉动小、保护功能完善、能够自诊断故障等优点。整个装置原理如图 5-20 所示。

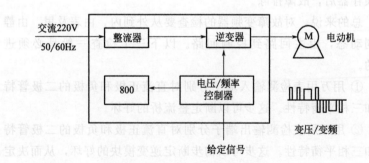

图 5-20 JR2C 型变频器原理框图

导致 JR2C 型变频调速装置主回路熔断器易熔断故障的原因主要有以下 2 个方面。

① 变频保护器（GTR）装置损坏，整流二极管损坏以及与直流母线并联的电容器短路，使 FUZ 或 FUR、FUS、FUT 熔断器其中之一烧断。

② 电源电压急剧上升损坏了整流二极管，使 FUR、FUS、FUT 可能部分或全部烧毁。

（3）故障检修　经检查，发现本例故障是整流电路有二极管击穿短路引起的。重换同规格新的整流二极管及熔断的熔断器后，故障排除。

例 5-31　变频器在运行过程中显示"OP"指示的检修

（1）故障现象　JR2C 型变频器在使用中突然不能正常运行，且故障自诊断系统显示"OP"。

（2）故障分析　JR2C 型变频器具有自诊断故障功能，在运行时如检测到故障，就将显示相应的故障显示字符。该变频器显示"OP"指示故障的原因主要有以下几方面。

① 电源电压过高，超过变频装置的限定值时，过电压保护电路动作，停止输出。

② 减速时间过短，使电动机处在超同步状态。此时电动机的再生能量将馈至主电路，使主电路直流电压升高，当超过限定值时，过电压保护电路动作，停止输出。

（3）故障检修　本例经检查，故障是由上述第二个原因引起的。重换调整电位器 8RH（减速时间调整电位器），延长减速时间后，故障被排除。

例 5-32　变频器在运行过程中显示"OC"指示的检修

（1）故障现象　JR2C 型变频器在使用中突然不能正常工作，而且故障自诊断系统显示"OC"。

（2）故障分析　导致显示"OC"故障的原因如下。

① 电动机的电流大于变频装置的额定电流，使过电流保护电路动作，停止输出。

② 电动机的配线有短路或接地、负载侧发生接地事故，均可

能会导致主回路出现过电流或压敏元件（ZCT）接地保护电路动作，停止输出。

③ 发生过负载现象，从而使输出停止。

④ 加速时间设定过短，使过电流保护电路动作，停止输出。

⑤ 变频器内部元器件有损坏或变值，不能正常运行或无法运行。当故障发生在主电路或与换流元件有关的部位时，逆变将失败，过电流保护电路动作时也将显示"OC"。

（3）故障检修　检查变频器负载侧的配线，用万用表测量配线之间的电阻值，结果发现电阻值很小，怀疑电动机损坏。重换一只新的同型号的电动机后，通电试机，"OC"指示不再出现，故障排除。

例 5-33　变频器在运行过程中显示"OH"指示的检修

（1）故障现象　JR2C 型变频器在使用中突然不能正常运行，且故障自诊断系统显示"OH"。

（2）故障分析　导致自诊断系统显示"OH"指示的原因主要有以下几方面。

① 冷却风扇停止工作，致使主回路元件温升超过允许值，导致过热保护电路动作，从而使信号停止输出；

② 再生放电电阻过热，使过热保护电路动作，输出停止。

（3）故障检修　本例经检查，发现故障是由上述第二个原因引起的。适当减轻负载，重新调整 8RH，延长减速时间后，故障被排除。

如果故障是由上述第一个原因引起的，则应检查风扇电动机是否损坏，供电线路是否出现故障。确认后，换风扇电动机或排除线路故障。

5.2.2　艾默生 TD3000 系列变频器故障检修

例 5-34　变频器恒速运行时过电流的检修

（1）故障现象　变频器恒速运行时就出现过电流现象。

（2）故障分析　TD3000 系列变频器一种高品质、多功能、低噪声的矢量控制通用变频器，它通过对电动机磁通电流和转矩电流的解耦控制，实现了转矩的快速响应和准确控制，可以很高的控制精度进行宽范围的调速运行。TD3000 系列变频器具有的功能有以下 5 个方面。

① 电动机参数自动辨识，自动实现温度补偿；

② 零伺服锁定功能，可对位置进行控制，零速时 150% 的转矩输出；

③ 载波频率可达 16kHz，实现全面静音运行；

④ 全系列显示键盘，可带电插拔，具有参数多机拷贝功能；

⑤ 内置标准 RS-485 或 PROFIBUS 现场总线接口，开放的通信协议，方便地进行网络化控制。

该变频器出现运行时就出现过电流故障，可能原因为：

① 电网电压偏低。

② 变频器容量偏小。

③ 瞬间停电后再启动预置不当。

④ 编码器突然断线。

⑤ 负载过重。

（3）故障检修　经现场检测，本例故障属于负载过重造成的，进一步检查发现，电动机允许电流变大，修复电动机故障后，故障排除，如图 5-21 所示。

例 5-35　变频器系统采样值波动的检修

（1）故障现象　TD3000 变频器设置参数后，在运行过程中，每隔一段时间（大约 3min）就出现一次很大的波动，张力值从设定由稳定的 4V 跳到在 0～10V 之间波动。

（2）故障分析　首先怀疑 PI 参数没有调整好，反复地修改两组 PI 参数，包括采样时间 TI、偏差极限，都是效果不明显，无法解决问题。接下来怀疑设备的机械问题，经过检查设备的机械情况，看是否有机械上面的原因，导致运行过程中出现周期性的波

图 5-21 TD3000 变频器应用举例

动，结果也是一无所获。

（3）故障处理 查阅变频器使用说明书，直接将采样时间设定为 0，再次运行时，周期性的波动完全消除，观察了半小时，系统都能稳定运行，证实此问题已经解决。

设置为 0 代表的是实时采样，系统响应的速度更快。

例 5-36 变频器工作不久就显示故障代码 E011 的检修

（1）故障现象 接通电源后，TD3000 变频器显示故障代码 E011。

（2）故障分析 TD3000 系列变频器自带 LCD 键盘，不仅能够中文显示运行数据和故障代码，还能进行参数的拷贝和下载功能，非常方便调试和后期维护。TD3000 变频器显示故障代码 E01，其含义为"功率模块散热器过热"。

导致功率模块散热器过热的原因有：

① 环境温度过高。

② 变频器通风不良。

③ 风扇故障。

④ 温度检测故障。

（3）故障处理　通过对变频器工作环境的实地观察，排除了环境温度过高、变频器周围通风不良等原因引起的故障。关机后，让设备休息 10min 左右再重新开机，虽然变频器能工作，但风扇出风口无风，估计风扇已损坏，如图 5-22 所示，更换风扇后，故障排除。

图 5-22　变频器电风扇

维修经验告诉我们，变频器原配散热风扇设计寿命一般为 25000～40000h，即连续运行 3～5 年必须更换，否则变频器带载能力会下降或因风扇散热不够而使变频器过流、过热跳闸，甚至会造成变频器损坏。

值得说明的是，有些用户因市场买不到原配高风量风扇而用便宜小电流风扇替代更换，风量小且用不了多久便会损坏，直接影响变频器使用寿命。风扇更换时，应注意风扇的标称电压、电流、尺寸及风量等参数与原配散热风扇一致。

由于选用变频器型号不当、参数调整不当或变频器本身存在问题，调试和运行中可能会出现各种故障。表 5-4 是艾默生 TD3000 系列变频器故障代码及故障描述，可供读者在维修时参考。

表 5-4　艾默生 TD3000 系列变频器故障代码及故障描述

故障索引	故障描述	故障索引	故障描述	故障索引	故障描述
E001	加速运行过流	E011	逆变模块过热	E020	CPU 错误
E002	减速运行过流	E012	整流桥过热	E021	闭环控制反馈断线
E003	恒速运行过流	E013	变频器过载	E022	外部模拟量给定断线
E004	加速运行过压	E014	电动机过载		
E005	减速运行过压	E015	外部设备故障或紧急停车	E023	键盘参数拷贝出错
E006	恒速运行过压			E024	自整定不良
E007	控制电源过压	E016	E²PROM 故障	E025	编码器错误
E008	输入侧缺相	E017	串行通信错误	E026	变频器掉载
E009	输出侧缺相	E018	接触器未吸合	E027	制动单元故障
E010	逆变模块故障	E019	电流检测故障	E028	参数设置错误

例 5-37　艾默生 TD3000 系列变频器调试

（1）事件描述　应用于碳素成型机中的艾默生 TD3000 系列变频器，根据工艺特点，要求小车电动机和振动电动机不同时工作，但两台振动电动机要求同时工作，速度一致。

（2）事件分析　碳素成型机是碳素厂的关键生产设备，主要完成计量、原料输送、高压振动成型、出料几步工序。选用艾默生 TD3000 系列变频器和三菱 PLC 相结合，完成对送料小车电动机和振动电动机的控制。

主要设备配置情况为：

① 小车电动机——功率 3.7kW，额定电流 7.5A。

② 振动电动机两台——单机功率 8.5kW，额定电流 18.4A。

该套设备的工作流程如下：

① 小车工作程序。如图 5-23 所示，小车将原料从起点 S1 送到终点 S4，再从终点 S4 返回到起点 S1。为了提高工作效率，要求加减速时间尽量短。工作频率为 35Hz，低速频率为 10Hz。

② 振动电动机的工作程序。如图 5-24 所示，电动机有两种振

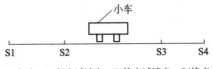

S1起点；S2起点减速点；S3终点减速点；S4终点

图 5-23　小车工作程序

动速度，高速振动频率为 50Hz，低速振动频率为 15Hz，负载为偏心轮，15～25Hz 为机械共振带。停车时间要求限制在 20s 之内。为了节约投资，提高效率，根据工艺特点，选用一台变频器完成对小车电动机和振动电动机的控制，完成两种不同的控制过程，如图5-25 所示。

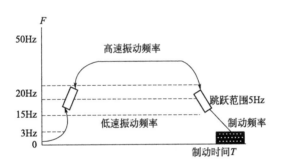

图 5-24　振动电动机振动频率与时间的关系

　　通过交流接触器的机械联锁，实现两组电动机之间的独立工作，由于变频器不能对不同功率的电动机实施保护，因此电动机配备了单独的热继电器 KH1、KH2、KH3。

　　在两种控制过程中一共有 10Hz、35Hz、15Hz、50Hz 四种工作频率。本例采用了多段速工作方式，通过多功能端子 X1、X2、X3 的组合切换来实现，如图 5-26 所示。

　　为了避免机械共振对设备造成损坏，通过设定跳跃频率为20Hz，跳跃范围为 5Hz，有效地避开了共振带，取得了很好的效果。

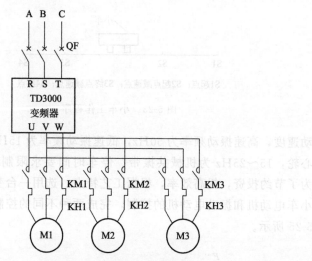

图 5-25 变频器控制原理图

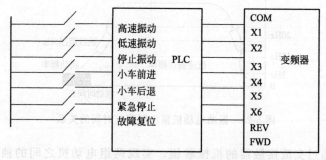

图 5-26 变频器与 PLC 的连接

（3）**解决方法**　在两种工作方式中，虽然负载特性不同，但皆要求有较短的加速、减速时间，所以配置了制动电阻。由于小车电动机功率小，只有 3.7kW，选择的较短的加减速时间为 2s，通过设定加速时间 2 和减速时间 2，并且采用多功能端子 X5 相配合来实现。

振动电动机负载较大，而且为偏心轮负载，要求启动力矩大，启动时间长，开始时选用直线加减速方式，加速时间从小到大逐步调整，电动机启动电流较大，最大可到 50A，经常出现故障代码（E001），即变频器加速运行过电流。减速时惯量较大，减速时间长，采用自由停机，从高速振动到完全停机需要 85s 左右。所以对参数的设定有较高的要求，为了适应负载的工作特性，经过反复的调整，采用了 S 曲线加减速的方式，并将 S 曲线起始时间调整为 30%，S 曲线上升段时间调整为 31%。加速时间 1 调整为 36s，减速时间 1 调整为 16s，获得了最好的控制效果。

启动电流比直线加减速方式降低 10A 左右，降到 40A 以下，避免了频繁出现的变频器加速运行过电流（E001）。采用减速停机配合直流制动的工作方式，停车时间为 13s。只有自由停车时间的 1/6。根据具体工艺情况，对低速振动和故障报警采用了自由停车方式。

例 5-38　霍尔元件损坏导致变频器显示故障代码 E019 的检修

（1）故障现象　某公司中板厂精整区域 3# 剪切机前辊道，是一组由 20 台单机单辊组成的辊道，为保证可靠性和生产连续性，该组辊道的奇数序号的电动机和偶数序号的电动机分别由 2 台艾默生 EV2000-4T0550G 变频器控制，2 台变频器的输出线分别引入 2 个电动机分配箱，再通过安装在电动机分配箱中的相应的电动机断路器，使 10 台奇数序号的电动机和 10 台偶数序号的电动机分 2 组并联运行。2006 年 1 月底，控制偶数序号电动机的变频器出现故障，使精整区域生产节奏变慢，需迅速排查、处理故障，使生产恢复正常。

（2）故障分析　出现故障的变频器操作面板显示的故障代码为 E019，且按下复位键无法消除该故障，变频器停止工作。经查故障代码是 E019 的故障为电流检测电路故障。

EV2000-4T0550G 变频器的电流检测元件为霍尔元件，霍尔元件安装示意图如图 5-27 所示，图中只画出了变频器的逆变电路部分，通过 H1、H2 和 H3 这 3 个霍尔元件检测变频器的三相输出电流，经相关电路转换成线性电压信号，再经过放大比较电路输入到 CPU，CPU 根据该信号大小判断变频器是否过电流，如果输出电流超过保护设定值，则故障封锁保护电路作，封锁 IGBT 脉冲信号，实现变频器的过流保护功能。

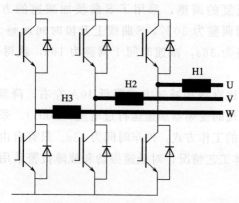

图 5-27　EV2000-4T0550G 变频器霍尔元件安装示意图

一般说来，变频器会由于控制板连线或插件松动、电流检测元件损坏和电流检测放大比较电路异常导致电流检测电路故障，第一种情况需检查控制板连线或插件有无松动，第二种情况需更换或处理电流检测元件，第三种情况为电流检测 IC 芯片或 IC 芯片工作电源异常，可通过更换 IC 芯片或修复变频器辅助电源解决。

（3）故障检修　切断变频器输入电源，打开变频器前盖板，待直流端放电完毕后，检查控制板连线和插件，均无松动和异常现象。进一步检查霍尔元件是否损坏，EV2000-4T0550G 变频器的霍尔元件连线为插头-插座结构，首先拔掉 H3 上的插头，重新送电后，操作面板显示 E019；再次停电，待放电完毕后，拔掉 H2 上的插头，送电后，操作面板仍显示 E019；重新停电，待放电完毕后，拔掉 H1 上的插头，分别插上 H2、H3 上的插头，操作面板上的故障显示消失，显示正常，说明电流检测电路故障排除。

由于采用的 $U/f \approx c$ 控制方式，是一种开环控制方式，电流检测线路主要完成电流检测、电流显示和过流保护功能，而不是真正参与控制，所以，拔掉已损坏的霍尔元件 H1 上的插头，变频器仍能恢复正常工作，只是在原线路不变的情况下，利用 H2 和 H3 两个霍尔元件进行电流检测，变频器显示的电流值比利用三个霍尔元件进行电流检测时显示的电流值小。需要注意的是：在变频器重新投入使用后，须尽快更换缺损的霍尔元件。

通过在现场进行的观察、排查、分析，以及恰当、合理的处理，在极短的时间内，迅速排除了变频器故障，使精整区域生产节奏迅速恢复正常，保证了生产的正常进行。

5.2.3 富士变频器故障检修

例 5-39 变频器 OC 报警的检修

（1）故障现象　键盘面板 LCD 显示：加、减、恒速时过电流。

（2）故障分析　富士变频器的外部结构如图 5-28 所示，控制面板的结构如图 5-29 所示。

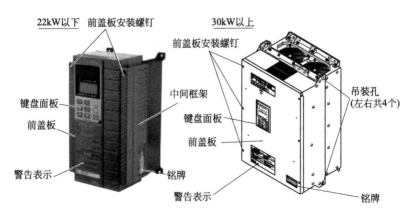

图 5-28　富士变频器的外部结构

变频器发生异常时，保护功能动作，立即跳闸，LED 显示报

LED监视器
7段LED4位数显示
显示设定频率、输出频率等各种监视数据以及报警代码等。

LED监视器的辅助指示信息
LED监视器显示数据的单位、倍率等，对应的单位和倍率下面以符号■指示。符号▲表示前面还有其他画面。

LCD监视器
显示从运行状态到功能数据等各种信息。
LCD最低行以轮换方式显示操作指导信息。

LCD监视器指示信号
显示下列运行状态之一：
FWD：正转运行 REV：反转动行 STOP：停止
显示选择的运行模式：
REM：端子台 LOC：键盘面板
COMM：通信端子 JOG：点动模式
另外，符号▼表示后面还有其他画面

RUN LED：(仅键盘面板操作时有效)
按 FWD 或 REV 键输入运行命令时点亮

操作键
用于更换画面、变更数据和设定频率等

控制键：(键盘面板运行时有效)

FWD：正转运行
REV：反转运行
STOP：停止命令

图 5-29 控制面板的结构

警名称，电动机失去控制，进入自由运转。对于短时间大电流的 OC 报警，一般情况下是驱动板的电流检测回路出了问题，模块也可能已受到冲击（损坏），有可能复位后继续出现故障。

产生故障的原因一般是以下几种情况：电动机电缆过长；电缆选型不当造成的输出漏电流过大；输出电缆接头松动和电缆受损造成的负载电流升高时产生的电弧效应。

小容量（7.5G11 以下）变频器的 24V 风扇电源短路时也会造成 OC3 报警，此时主板上的 24V 风扇电源会损坏，但主板上其他功能正常。

若出现"OC2"报警且不能复位或一上电就显示"OC3"报警，则可能是主板出了问题；若一按 RUN 键就显示"OC3"报警，则是驱动板坏了。

　　（3）故障处理　过电流报警（OC）的诊断方法如图 5-30 所示。

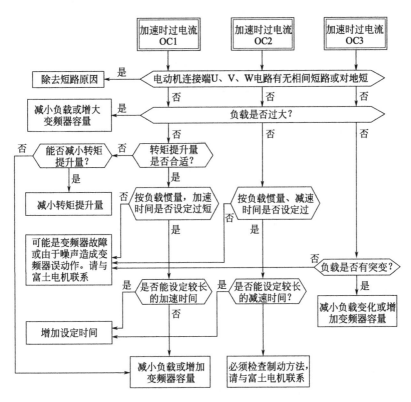

图 5-30　过电流报警的诊断方法

　　变频器在跳闸状态，当消除报警原因后，按键盘面板上的 RESET 键或对控制端子（RST）输入复位信号（接通），可解除跳闸状态。复位命令是按照复位信号的后沿边动作，如图 5-31 所示，必须按照 OFF→ON→OFF 方式输入复位信号动作。

　　注意：报警解除时，应使运行命令为 OFF 状态，复位后将立即开始运行。否则，进行报警复位时如运行为 ON，则将突然再启动运行，容易发生事故。

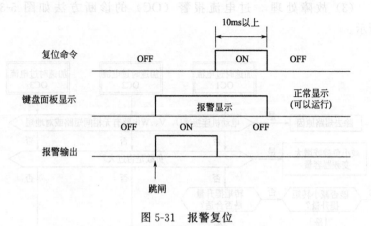

图 5-31　报警复位

富士变频器报警信息查找方法是：由运行模式画面转换为程序菜单画面，选择"7. 报警信息"，然后显示最新发生报警时的各种数据。报警信息共有 9 幅画面，可用"∧ ∨"键进行更换，确认报警发生时的各种数据，如图 5-32 所示。

例 5-40 **变频器 OU 报警的检修**

（1）故障现象　键盘面板 LCD 显示 OU1（加速时过电压）或 OU2（减速时过电压）或 OU3（恒速时过电压）。

（2）故障分析　当富士通用变频器出现"OU"报警时，首先应考虑电缆是否太长、绝缘是否老化，直流中间环节的电解电容是否损坏，同时针对大惯量负载可以考虑做一下电动机的在线自整定。另外在启动时用万用表测量一下中间直流环节电压，若测量仪表显示电压与操作面板 LCD 显示电压不同，则主板的检测电路有故障，需更换主板。当直流母线电压高于 780V DC 时，变频器做 OU 报警；当低于 350V DC 时，变频器做欠压 LU 报警。

（3）故障处理　变频器显示过电压报警，可按照图 5-33 所示的方法进行处理。

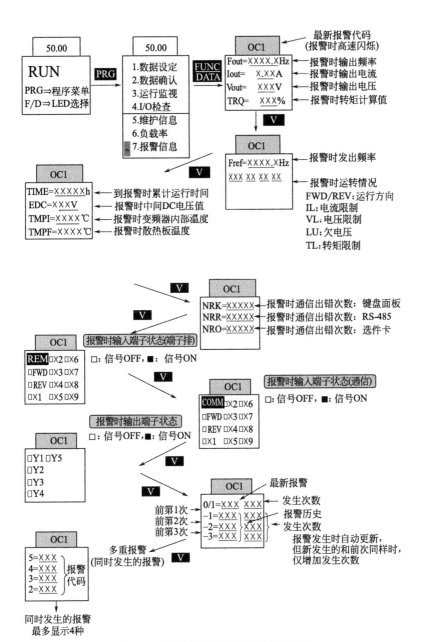

图 5-32 富士变频器报警信息查找方法

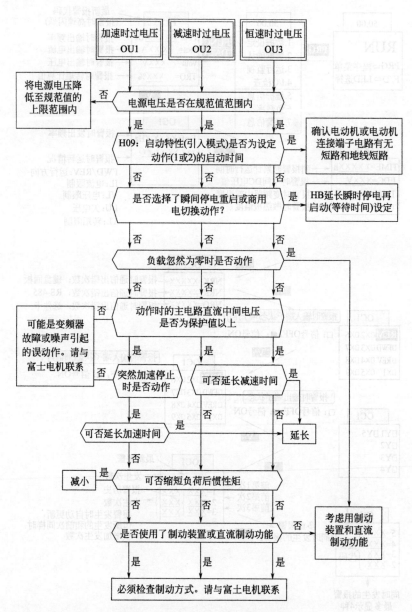

图 5-33 变频器过电压报警处理方法

例 5-41 **变频器显示 LU 报警的检修**

（1）故障现象　键盘面板 LCD 显示：欠电压（LU）。

（2）故障分析　电源电压降低等使主电路直流电压低至欠电压值以下时（欠电压检出值：400V DC），保护功能会动作。如选择 F14 瞬停再启动功能，则不报警显示。另外当电压低至不能维持变频器控制电路电压值时，将不能显示。

如果设备经常 LU 欠电压报警，则可考虑将变频器的参数初始化（HO3 设成 1 后确认），然后提高变频器的载波频率（参数 F26）。若 LU 欠电压报警且不能复位，则是（电源）驱动板出了问题。

（3）故障处理　变频器出现欠电压报警，可按照图 5-34 所示的方法进行处理。

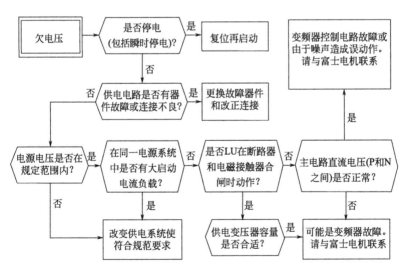

图 5-34　变频器欠电压报警处理方法

例 5-42 **变频器过热报警的检修**

（1）故障现象　变频器出现 OH3 或 OH1 报警。

（2）故障分析　OH1 和 OH3 实质为同一信号，是 CPU 随机检测的，OH1（检测底板部位）与 OH3（检测主板部位）模拟信号串联在一起后再送给 CPU，而 CPU 随机报其中任一故障。

出现"OH1"报警时，首先应检查环境温度是否过高，冷却风扇是否工作正常；其次是检查散热片是否堵塞（食品加工和纺织场合会出现此类报警）。若在恒压供水场合且采用模拟量给定，一般在使用 800Ω 电位器时容易出现此故障；给定电位器的容量不能过小，不能小于 1kΩ；电位器的活动端接错也会出现此报警。若大容量变频器（30G11 以上）的 220V 风扇不转时，肯定会出现过热报警，此时可检查电源板上的熔断器 FUS2（600V，2A）是否损坏。

当出现"OH3"报警时，一般是驱动板上的小电容因过热失效，失效的结果（症状）是变频器的三相输出不平衡。因此，当变频器出现"OH1"或"OH3"时，可首先上电检查变频器的三相输出是否平衡。

对于 OH 过热报警，主板或电子热保护出现故障的可能性也存在。G/P11 系列变频器电子热保护为模拟信号，G/P9 系列变频器电子热保护为开关信号。

（3）故障检修　变频器出现 OH3 或 OH1 过热报警，可按照图 5-35 所示的方法予以处理。

◈ 例 5-43　变频器显示存储器异常报警的检修

（1）故障现象　键盘面板 LCD 显示存储器故障 ER1、键盘面板通信异常 ER2、CPU 异常 ER3 报警。

（2）故障分析　关于 G/P9 系列变频器"ER1 不复位"故障的处理方法是：去掉 FWD-CD 短路片，上电、一直按住 RESET 键下电，直到 LED 电源指示灯熄灭再松手；然后重新上电，看看 ER1 不复位故障是否解除，若通过这种方法也不能解除，则说明内部码已丢失，只能换主板了。

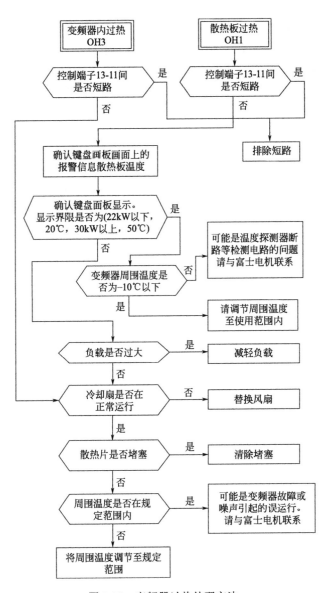

图 5-35 变频器过热处理方法

11kW 以上的变频器当 24V 风扇电源短路时会出现此报警（主板问题）。对于 E9 系列机器，一般是显示面板的 DTG 元件损坏，该元件损坏时会连带造成主板损坏，表现为更换显示面板上电运行时立即 OC 报警。而对于 G/P9 机器一上电就显示"ER2"报警，则是驱动板上的电容失效了。

（3）故障检修　当变频器显示存储器故障 ER1、键盘面板通信异常 ER2 或 CPU 异常 ER3 报警时，可按照图 5-36 所示的方法予以处理。

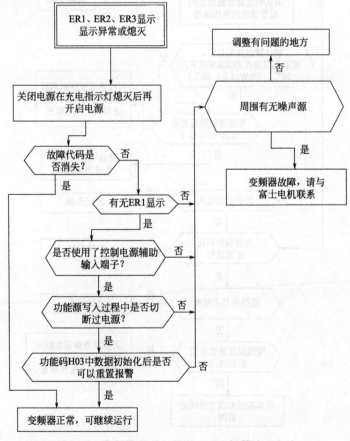

图 5-36　变频器 ER1、ER2、ER3 报警处理方法

例 5-44　变频器自整定不良、出现输入布线故障报警的检修

（1）故障现象　键盘面板 LCD 显示 ER7，即自整定不良，出现输入布线故障报警。

（2）故障分析　G/P9 系列变频器出现此故障报警时，一般是充电电阻损坏（小容量变频器）。另外就是要检查内部接触器是否吸合（大容量变频器，30G11 以上；且当变频器带载输出时才会报警）、接触器的辅助触点是否接触良好。若内部接触器不吸合，可首先检查驱动板上的 1A 熔断器是否损坏。也可能是驱动板出了问题，此时应检查送给主板的两芯信号是否正常。

（3）故障检修　当变频器出现自整定不良、输入布线故障报警时，可按照图 5-37 所示的方法进行处理。

例 5-45　变频器 OH2 报警的检修

（1）故障现象　变频器 LCD 显示 OH2 报警，即外部报警。

（2）故障分析　对 G/P9 系列机器而言，因为有外部报警定义存在（E 功能），当此外部报警定义端子（THR）没有短接片或使用中该短路片虚接时，会造成 OH2 报警，变频器将动作。当此时若主板上的 CN18 插件（检测温度的电热计插头）松动，则会造成"OH2"报警且不能复位。检查完成后，需重新上电进行复位。

（3）故障处理　变频器出现外部报警故障的处理方法如图 5-38 所示。

例 5-46　操作面板无显示的检修

（1）故障现象　G/P9 系列变频器投入电源后操作面板无显示。

（2）故障分析　在正常无故障的情况下，变频器投入电源后，键盘面板如图 5-39 所示。正常运行时的面板显示如图 5-40 所示。

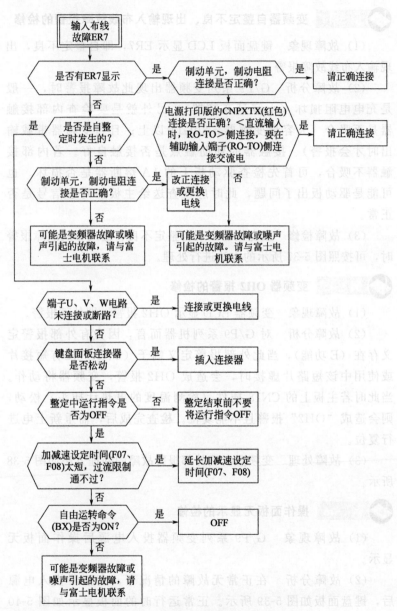

图 5-37 变频器 ER7 报警的处理方法

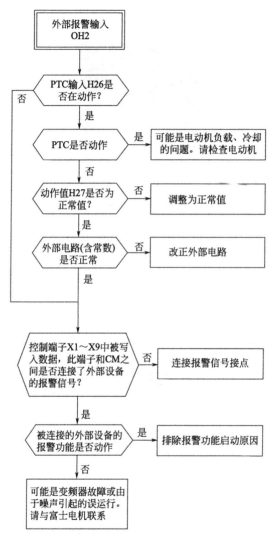

图 5-38　变频器 OH2 报警处理方法

G/P9 系列出现操作面板无显示故障时，有可能是充电电阻或电源驱动板的 C19 电容损坏；对于大容量 G/P9 系列的变频器出现此故障时，也可能是内部接触器不吸合造成。

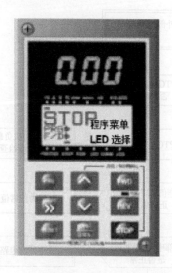

图 5-39　无故障情况下投入电源时面板显示

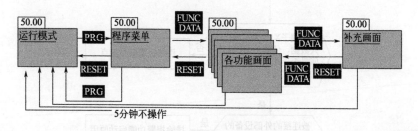

图 5-40　正常运行时的面板显示

对于 G/P11 小容量变频器除电源板有问题外，IPM 模块上的小电路板也可能出了问题；30G11 以上容量的机器，可能是电源板为主板提供电源的熔断器 FUS1 损坏，造成上电无显示的故障。当主板出现问题后也会造成上电无显示故障。

（3）故障处理　如图 5-41 所示，经检查，本例故障属于电源驱动板的 C19 电容损坏造成的，用同型号电容器更换后故障排除。

图 5-41　检测电源驱动板

例 5-47　运行频率不上升的检修

（1）故障现象　当变频器上电后，按运行键，运行指示灯亮（键盘操作时），但输出频率一直显示"0.00"不上升。

（2）故障分析　变频器出现上电后运行频率不上升故障，一般情况下是驱动板出了问题，换块新驱动板后即可解决问题。但如果空载运行时变频器能上升到设定的频率，而带载时则停留在 1Hz左右，则是因为负载过重，变频器的"瞬间过电流限制功能"起作用，这时通过修改参数解决。

（3）故障处理　经几次空载运行和带载运行试验，本例故障是变频器负载过重引起的。为准确确定负载率，可进行"负载率测定"。其方法是：由运行模式画面转换为程序菜单画面，选择"6.负载率"，显示负载率测定画面。然后测定和显示设定时间内的最大电流、平均电流和平均制动功率，如图 5-42 所示。

经过负载率测定，考虑到最大电流、平均电流和平均制动功率等参数只是偏大，对变频器使用寿命基本上没有影响，于是采用以下方法修改功能参数：从运行模式画面转到编程菜单画面，选择"1.数据设定"。此时显示有功能码和名称的功能码选择画面，再选择所需功能码，如图 5-43 所示。

选择功能时，用 ≫ ＋ ∧ 或 ≫ ＋ ∨ 键可按照功能组作为

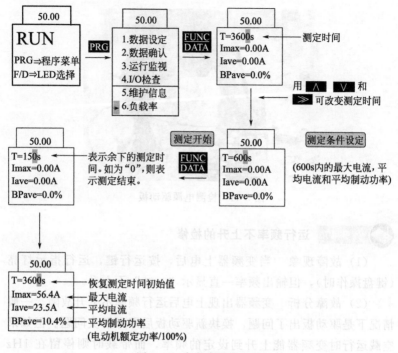

图 5-42 负载率测定方法

图 5-43 功能数据设定方法

单位进行转移，便于大范围快速选择所需功能，如图 5-44 所示。

在数据设定画面上，用 ∧ ∨ 能以 LCD 显示数据最小单位增大或减小数据。持续按住 ∧ ∨ 键，数据变更将进位或退位，同时，变更的速度加快。另外， ≫ 可任意选择数位，直接设定数据。

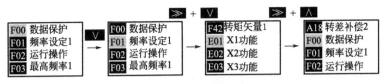

图 5-44　选择功能的方法

本例故障修改了 3 个参数：F09→3，H10→0，H12→0，变频器恢复正常。

例 5-48　上电立即显示 OC3 报警且复位动作不正常的检修

（1）故障现象　一台 FRN11PS-4CX 设备故障为上电立即（有时为几秒）显示 OC3 报警，并且复位动作不正常（有时能复位有时不能复位）。

（2）故障分析　将一台故障情况为带载运行时显示 OH1、OH3 的 CPU 板替换上之后，该设备故障情况为上电立即显示 OC1 报警，可以复位；几秒后又显示 OL2 报警，不能复位；而将此设备的主板换到运行时显示 OH1、OH3 的机体（7.5P11）上时，能正常运行也不报警。说明该设备的主板未坏，是电源驱动板坏了；而显示 OH1、OH3 报警的 7.5P11 的机器为主板有问题，驱动板没问题。

（3）故障检修　本例故障经更换电源驱动板后，故障排除。

驱动板与主板时，请注意以下问题：

① 7.5G11～18.5G11 功率等级系列，P 型变频器与小一级容量的 G 型变频器的容量的驱动板可以互换。

② 在更换不同功率的 E 型变频器的主板时，先进入 F00 功能代码之后，同时按住 Stop、Run 和 Pro 键进入 U 参数（THR 和 CM 端子必须短接且 FWD 和 CM 断开），选择与该变频器主体同容量的主控程序参数设置；其次，F01～F06 参数也应按要求修改或确认，步骤同 F00；当修改完 U 参数后，一定要记得重新修复出厂设置以保存修改完的 U 参数。

③ 不同容量的 G/P 型主板在某一容量范围内（30kW 以下是

同一规格尺寸，30kW 以上是同一规格尺寸）可以互换，其修改主控程序内的 C 参数、步骤，步骤与 E 型机器修改大同小异。

5.2.4 其他常用变频器故障检修

例 5-49 JP6C-T9 变频器常跳闸的检修

（1）故障现象 通过 JP6C-T9 高性能数字式变频器控制的水泵电动机常因为变频器跳闸而发生自停。

（2）故障分析 造气炉供水泵使用的 JP6C-T9 系列高性能数字式变频器（45kW）采用开环控制，由变频器控制水泵转速，可保证气化炉冷却水供应，满足生产要求，实现节能。但由于水泵电动机安装现场环境恶劣，空气中含腐蚀气体，特别是气压低时，空气湿度大，变频器在运转过程中常发生自停，严重影响生产。

由于变频器自停时，自保护功能显示故障代码为 FL，内容为短路、接地、过电流、散热器过热等。依据这一现象初步分析，产生故障的可能原因如下。

① 变频器内部元器件存在软故障，在恶劣环境中其带载能力下降，导致自停。

② 电机传动负荷过载，使变频器跳闸。

③ 变频器输出布线环境恶劣过电压，造成变频器自停。

（3）故障检修 首先检查变频器自身的绝缘性能，结果正常。检查水泵电动机传动装置，无机器故障，不会造成电动机过载。检查变频器两只冷却风扇，运转正常，散热器也不会造成过热。经反复检查未见异常，但故障依旧。

由于变频器和电动机之间的连接电缆存在着杂散电容和电感，其受某次谐波的激励而产生衰减振荡，造成传送至电动机输入端的驱动电压产生过冲现象。过冲电压在绕组中产生尖峰电流，引起过热，造成变频器跳闸。这一过冲电压的大小和时间随着水泵房自身环境的干湿程度和空气流通程度变化，使得变频器自停的次数和时间无规律性。

为了彻底解决变频器频繁自停问题，将变频器至电动机的输出电缆由穿铁管改为 PVC 管敷设，并缩短了变频器连接电动机的电缆长度，实际运行表明改造效果理想，未再发生变频器自停故障。

例 5-50　康沃通用型变频器上电显示故障代码 P.OFF 的检修

（1）故障现象　康沃变频器上电显示 P.OFF，延时 1～2s 后显示 0，此时变频器处于待机状态。

（2）故障分析　康沃变频器在应用中出现变频器上电后一直显示 P.OFF 而不跳 0 现象，主要原因可能为：

① 输入电压过低。

② 输入电源缺相。

③ 变频器电压检测电路故障。

（3）故障检修　先测量电源三相输入电压，R、S、T 端子正常电压为三相 380V，如果输入电压低于 320V 或输入电源缺相，则应总判定为外部电源故障。如果输入电源正常，则可判断为变频器内部电压检测电路或缺相保护故障。对于康沃 G1/P1 系列 90kW 及以上机型变频器，故障原因主要为内部缺相检测电路异常，缺相检测电路由两个单相 380V/18.5V 变压器及整流电路构成，处理时可测量变压器的输出电压是否正常。

本例故障原因是输入电源缺相，恢复三相供电后故障排除。

例 5-51　康沃通用型变频器上电显示故障代码 ER17 的检修

（1）故障现象　康沃通用型变频器上电即保护，显示故障代码 ER17。

（2）故障分析　故障代码 ER17 表示电流检测故障。康沃通用变频器电流检测一般采用电流传感器，如图 5-45 中 H1 和 H2 所示。通过检测变频器两相输出电流来实现变频器运行电流的检测、显示及保护功能，输出电流经电流传感器输出线性电压信号，经放大比较电路处理后输出到 CPU 处理器，CPU 处理器根据其电压大小判断变频器是否处于过电流状态，如果输出电流超

过保护值，则故障封锁保护电路动作封锁 IGBT 脉冲信号，实现
保护功能。

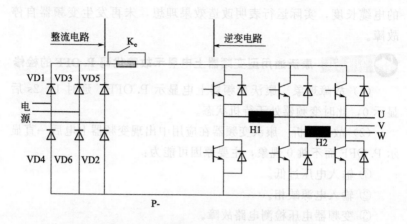

图 5-45　康沃通用型变频器电流检测电路

康沃变频器出现 ER17 故障主要原因为电流传感器故障或电流
检测放大比较电路异常。

（3）故障检修　通过测量电流检测 IC 电路（IC 芯片）的工作
电源端，发现电压异常，且 IC 发热严重，估计 IC 内部有短路故
障，更换 IC，故障排除。

例 5-52　康沃通用型变频器上电显示故障代码 ER15 的检修

（1）故障现象　康沃通用型变频器上电后显示故障代码 ER15。

（2）故障分析　代码 ER15 表示逆变模块 IPM、IGBT 故障，
主要原因为输出对地短路、电动机线过长（超过 50m）、逆变模块
或其保护电路动作。

现场处理时先拆去电动机输出线，测量变频器逆变模块，观察
输出是否存在短路，同时检查电动机是否对地短路及电动机线是否
超过允许范围，如上述均正常则可能为变频器内部 IGBT 模块驱动
或保护电路异常。一般 IGBT 过流保护是通过检测 IGBT 导通时的
管压降动作的，如图 5-46 所示。

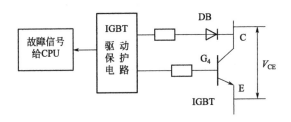

图 5-46　IGBT 过流保护电路

当 IGBT 正常导通时其饱和压降很低，当 IGBT 过流时管压降 V_{CE} 会随着短路电流的增加而增大，IGBT 驱动保护电路通过二极管 DB 可测量饱和压降，并经过处理电路传送给 CPU 处理器，同时封锁 IGBT 输出达到保护作用。

（3）故障检修　维修经验表明，出现故障代码 ER15，一般是驱动模块损坏，于是更换驱动模块，故障排除。

例 5-53 **康沃变频器出现 ER08 故障代码的检修**

（1）故障现象　康沃变频器上电后出现 ER08 故障代码。

（2）故障分析　康沃变频器出现 ER08 故障代码，表示变频器处于欠压故障状态。其主要原因有：输入电源过低或缺相、变频器内部电压检测电路异常、变频器主回路电路异常等。

通用变频器电压输入范围为三相 320～460V。在实际应用中当变频器满载运行，而输入电压低于 340V 时可能会出现欠压保护，这时应提高电网输入电压或变频器降额使用。

若输入电压正常，变频器在运行中却出现 ER08 故障，则可判断为变频器内部故障。此故障可能是主回路中 KS 接触器跳开使限流电阻在变频器运行时串联到主回路中，这时若变频器带负载运行便会出现 ER08 故障。

若变频器主回路正常，出现 ER08 报警的原因大多为电压检测电路故障。一般变频器的电压检测电路为开关电源的一组输出，经过取样、比较电路后给 CPU 处理器，当超过设定值时，

CPU 根据比较信号输出故障封锁信号并封锁 IGBT，同时显示故障代码。

（3）故障检修　根据以上分析，检查输入电压正常，发现主回路中 KS 接触器触头未吸合，进一步检查发现接触器线圈已损坏，更换线圈后，故障排除。

例 5-54　西门子 MM440 变频器报 F0022 故障的检修

（1）故障现象　前段时间，车间一台西门子 M440 变频器经常报 F0022 故障，即功率组件故障。大部分时候出现此故障时，电脑画面呈灰色，且无频率变化，但不会停机。许多时候复位后故障便会消除，但一段时间后，该故障又会重现。电工对电动机、电缆都进行了绝缘检测，也对 I/O 板进行了更换，甚至更换了变频器，但故障仍时有发生。

（2）故障分析　电工经过对此故障的反复分析，也查阅了大量资料，造成西门子 M440 变频器报 F0022 故障即功率组件故障的原因有很多，有些原因会造成变频器保护跳闸，有些只会报故障且频率无变化。经分析主要原因有以下几点：①直流中间回路过电流，这主要是变频器本身引起；②接地故障，其中包括有所有外部电路；③I/O 板插口松动或氧化；④负载变更或机械障碍；⑤斜坡上升时间设置过短；⑥无传感器矢量控制系统不良优化；⑦装置不正确的制动单元等。

（3）故障检修　当故障再次出现时，把变频器外接端子的频率表和调整电位器线全部拆除，此故障才彻底消除。经检查，原来是其机旁控制箱因环境潮湿，造成了变频器外接端子线短路引起。至此，困扰很久的问题终于得到了解决。因此，当今后再遇到此类问题时，要参照变频器的使用方式和工作环境，逐一进行分析，从而解决。

① 加强电工对所辖区域电器产品知识面的了解。

② 对变频器做好清理、清洁工作，尤其是工作在高温、潮湿环境中的变频器，一定要保证其通风状况良好，否则就容易出现此

类故障，甚至影响变频器的使用寿命。

　　③ 对所有外接的机旁控制箱、频率表、电位器等电子器件，要定期清理，并做好防潮、防火工作。而所有外接线必须采用屏蔽线，从进行接地。

　　④ 变频器的 I/O 板因松动或氧化也会造成此故障，故对其插口处要经常清洁，保持干净。

　　⑤ 对变频器的各种参数，要按要求精心设置，不得随意修改。

参 考 文 献

[1]　杨清德，邱绍峰．电气故障检修技能直通车．北京：电子工业出版社，2013.

[2]　杨清德．电工常见故障维修．北京：电子工业出版社，2011.

[3]　杨清德．电工检修 208 例．北京：电子工业出版社，2009.

[4]　安勇．电气设备故障诊断与维修手册．北京：化学工业出版社，2014.